まえがき

　昨今，様々な分野において国際化が進む中，異文化交錯の渦中にある多様性をいかに受容し柔軟に対応していくかが，国家間の土俵のみならず，教育機関においても求められている．数学教育も然り，古代ギリシャのかのプラトンにより創設された学園アカデメイアの門に刻まれたと伝承される銘文「幾何学を学ばざるものこの門をくぐるべからず」―すなわち数学が国家の主導者を育むための必須分野であったこと―を想起させるかのように，グローバル化に耐えうるリーダー的人材育成の過程において，今や科学関連以外の学生に対してさえ，数学を通して培われる素養が重視されている．

　本書は，立命館アジア太平洋大学における数学の基礎教養（知識・リテラシー・思考法）の教材に利用する目的で書かれた本である．内容は，文字を含む数式の取り扱い方（代数）と複数の変化量の関係を調べる方法（関数）の2つに分けられ，初歩の概念（1次2次の方程式や1次2次の関数など）を題材として，より一般の概念に通じたアイディアを感じてもらうことや，本書の範疇を超えた数学に興味をもってもらうことを意識しつつ，概念の本質や，「なぜそうなるか」といった思考のプロセスを重視する方針で書かれている．この方針ゆえ，一見，道具として数学を利用するような読者には，いささか遠回りに思われるかもしれない．しかし，探求心を喚起しながら結果に至るまでのプロセスをよく吟味するという学習経験は，数学を柔軟に応用する場合のみならず，数学以外の様々な場面において，時間・場所・相手を問わず役立つ創造的な思考力や洞察力の向上にも役立つものと信ずる．

　本書が対象とする主な読者は，数学を初歩の段階から学び直したい方である．たとえば，数学にしばらく触れていないが再び学ぶ機会が生じた学生，数学の魅力に気づきもう一度自ら学びたいと考える社会人，あるいは一教養として数学の素養を改めて培いたい方などが主な対象である．また大学などの教育者にとっては，各節が1コマの授業内で取り扱える分量なので，学習者の習熟度に応じて，余り時間を利用した演習やクラスディスカッションで理解を更に深めたり知識の幅を広げることも可能であろう．とくに，教育課程や習熟度に関して多様な背景をもつ学生群に対する基礎数学の授業の教材として使うこともできると思う．本書が読者にとって知的好奇心を喚起する1つのきっかけとなり，近い将来より進んだ数学を楽しみながら教養を身につける上での1つの布石となれば，著者としては望外のよろこびである．

　本書は，学術図書出版社の貝沼稔夫氏による出版の勧めがなければ日の目を見ることはなかった．ここに，感謝の意を表したい．

2018 年 12 月

髙妻 倫太郎

基礎数学
Fundamental Mathematics

髙妻 倫太郎
Rintaro Kozuma

学術図書出版社

目　　次

I　代数
- ♯1　整式の加法・減法 …………………………………………… 2
- ♯2　整式の乗法・因数分解 ……………………………………… 7
- ♯3　整式の除法・有理式 ………………………………………… 12
- ♯4　数の世界の広がり …………………………………………… 17
- ♯5　累乗根・2次方程式 ………………………………………… 20
- ♯6　連立1次方程式・連立1次不等式 …………………………… 25

II　関数
- ♯1　関数とグラフ ………………………………………………… 32
- ♯2　定値関数・1次関数・2次関数 ……………………………… 37
- ♯3　関数の最大値・最小値 ……………………………………… 43
- ♯4　直線の方程式 ………………………………………………… 46
- ♯5　不等式の表す領域 …………………………………………… 48
- ♯6　逆関数 ………………………………………………………… 50

練習問題の答え …………………………………………………… 55

I 代数
Algebra

≒1 整式の加法・減法

❏ 数の表記法について

 紀元前2万年頃，人類は月の周期が何度あったかを数えるために次のような記号を使ったと考えられている[1]．

$$/ \quad // \quad /// \quad //// \quad ///// \quad ////// \quad building/////// \quad //////// \cdots$$

この表記法では大きな数を表すために / を多く書き並べる必要があり，その読み取りにも苦労がある．一方，現在使われているアラビア記数法

$$0 \quad 1 \quad 2 \quad 3 \quad 4 \quad 5 \quad 6 \quad 7 \quad 8 \quad 9$$

は非常に優れた表記法である．まず，/ から ///////// までの数に関しては，1から9までの記号（各々が1文字）を対応させることによって記述が短くなっている．そして，何もないことを表す記号 0 を導入し，位取りを行うことで，大きな数を簡潔に表示できる[2]．

$$10 \quad 108 \quad 1234 \quad 234567 \quad 100000000000000$$

数の表記法は紀元前2万年頃から始まり，ほぼ現在のアラビア記数法の形になった16世紀に至るまで様々な変遷を遂げ，人類が使いやすい形に洗練されてきた[3]．

 さらに，数の表記法に限らず，その他の数学記号についても，数や式を取り扱う上での利便性や実用性が追及されてきた．たとえば，2という数を必要な個数だけ足すときに

$$2+2+2 \quad 2+2+2+2 \quad 2+2+2+2+2 \quad 2+2+2+2+2+2+2+2+2+2$$

のように書くと大変なので，これをより見やすくするために，乗法の概念とその記号 × が導入された．この記号 × を使えば上の数はそれぞれ次のように書ける．

$$2\times 3 \quad 2\times 4 \quad 2\times 5 \quad 2\times 10$$

今度は，2を必要な個数だけ掛けてみる．

$$2\times 2\times 2 \quad 2\times 2\times 2\times 2 \quad 2\times 2\times 2\times 2\times 2 \quad 2\times 2\times 2\times 2\times 2\times 2\times 2\times 2\times 2\times 2$$

これも掛ける個数が大きくなるほど2を多く書き並べる必要があり，斜め線の記号 / と同様の不便がある．ここで登場したのが累乗（べき乗）の概念であり，累乗を使えば上の数は実に簡潔に表示できる．

$$2^3 \quad 2^4 \quad 2^5 \quad 2^{10}$$

以上のように，乗法と累乗の概念を導入することによって，数の記述が簡単になるだけではなく，数式そのものの表す内容や意味が明確になる．

 以下で紹介する整式についても，数や式に使われる記号が複雑な構造を簡潔に表すことを実感しながら理解を進めてもらいたい．

---

[1] グループ化された斜め線 / の刻まれた骨の化石がコンゴのイシャンゴ遺跡で発見された．
[2] このような表記法を **10進位取り記数法** という．
[3] もちろん，ローマ数字や漢数字などが現在も使われているように，表記法の多様性はある．

❏ 整式（Polynomials）

自然数 n に対して，記号 a^n を次で定義する．
$$a^n := \overbrace{a \times a \times a \times \cdots \times a}^{n}$$
これを **a の n 乗**（***n*-th power of *a***）といい[4]，n を（a を底とする）**指数**（**exponent**）という[5]．

より一般に，いくつかの数 $\left(\pm 3, \pm 5, \pm\dfrac{1}{2}, \cdots\right)$[6] や文字 $(a, b, c, x, y, z, \cdots)$ の積で表される式を**単項式**（**monomial**）という．乗法の記号 $\times$ は，代わりに $\cdot$ で表したり，意味が明白な場合には省略することもある．

例 1.1 いろいろな単項式の例．

$1, 2, 3, 4, 5, 6, \cdots, n, \quad 2^4, 3^4, 4^4, 5^4, \cdots, x^4,$

$2^3 \times 3^2, 5^3 \times 4^2, 1^3 \times 6^2, 3^3 \times 2^2, (-1)^3 \times \left(\dfrac{1}{2}\right)^2, 7^3 \times 6^2, \cdots, x^3 y^2,$

$-3 \times 2^3 \times 3^2, -3 \times 5^3 \times 4^2, -3 \times 1^3 \times 6^2, -3 \times 3^3 \times 2^2, -3 \times 7^3 \times 6^2, \cdots, -3x^3 y^2,$

文字を含む式は，文字の部分を具体的な数に置き換えて得られる無数の式を 1 つの型に集約した式であると解釈できる[7]．

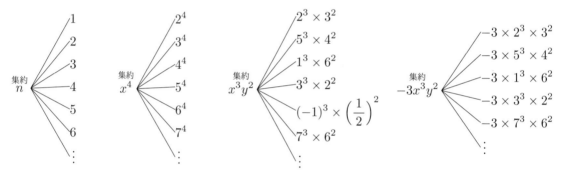

単項式に含まれる数の部分をその単項式の**係数**（**coefficient**）といい，掛け合わされた文字の個数を単項式の**次数**（**degree**）という．

例 1.2 単項式
$$-2x^3 y^4 \quad (= -2 \times x \times x \times x \times y \times y \times y \times y)$$
の係数は，-2，次数は $3 + 4 = 7$．

例 1.3 係数と次数の定義を理解する．

(1) 7 の係数は 7，次数は 0．

(2) $n \, (= 1 \times n)$ の係数は 1，次数は 1．

(3) $x^4 \, (= 1 \times x \times x \times x \times x)$ の係数は 1，次数は 4．

(4) $\dfrac{1}{2} x^2 y^3 \left(= \dfrac{1}{2} \times x \times x \times y \times y \times y\right)$ の係数は $\dfrac{1}{2}$，次数は 5．

(5) $-3x^4 y^2 \, (= -3 \times x \times x \times x \times x \times y \times y)$ の係数は -3，次数は 6．

---

[4] n を明記しないとき，たんに a の**累乗**（**power**）（または a の**べき乗**（**power**））という．

[5] a^n は，a を「1」に n 回掛け合わせた数式と解釈できる．とくに，$a^1 = a$ である．

[6] 本書で数といえば，文脈に応じて有理数または実数を指す．これらの数については，「§4 数の世界の広がり」を参照のこと．

[7] 文字をあたかも実際の数のように取り扱うことによって，無数の式をいっぺんにまとめて考えることが可能になる．

いくつかの単項式を，足したり引いたりして組み合わせた式を**多項式**（**polynomial**）といい，単項式と多項式をまとめて**整式**（**polynomial**）という[8]．多項式を構成する単項式をその多項式の**項**（**term**）といい，次数 0 の項を**定数項**（**constant term**）という．また，各項の次数で最大のものを多項式の**次数**（**degree**）といい，次数が n の整式を **n 次式**（**polynomial of degree n**）という．

例 1.4 多項式
$$2x^3 - 5x^2y + 6x - y^2 + 8y - 7$$
に含まれる項は，$2x^3$, $-5x^2y$, $6x$, $-y^2$, $8y$, -7 であり，次数はそれぞれ 3, 3, 1, 2, 1, 0 なので，この多項式は 3 次式である．とくに，-7 は定数項である．

整式をある特定の文字に着目して考えることがある．この場合，その他の文字を数と見なす．

例 1.5 どの文字にも着目しない場合は，例 1.2 や例 1.3 と同様に考える．

単項式			x に着目のとき		y に着目のとき	
	係数	次数	係数	次数	係数	次数
7	7	0	7	0	7	0
n	1	1	n	0	n	0
x^4	1	4	1	4	x^4	0
$\frac{1}{2}x^2y^3$	$\frac{1}{2}$	5	$\frac{1}{2}y^3$	2	$\frac{1}{2}x^2$	3
$-3x^4y^2$	-3	6	$-3y^2$	4	$-3x^4$	2

例 1.6 多項式
$$2x^3 - 5x^2y + 6x - y^2 + 8y - 7$$
に含まれる項は，$2x^3$, $-5x^2y$, $6x$, $-y^2$, $8y$, -7 であり，y に着目した場合，次数はそれぞれ 0, 1, 0, 2, 1, 0 で，この多項式は 2 次式となる．このときの定数項は $2x^3 + 6x - 7$ である．

例 1.7 どの文字にも着目しない場合は，例 1.4 と同様に考える．

多項式	次数	定数項	x に着目のとき		y に着目のとき	
			次数	定数項	次数	定数項
$x^3 + 4x^2 - 2x - 5$	3	-5	3	-5	0	$x^3 + 4x^2 - 2x - 5$
$3x^2 - 2xy - 5y^2$	2	0	2	$-5y^2$	2	$3x^2$
$x^2 - 2xy^2 - y^3 + 3y + \frac{2}{3}$	3	$\frac{2}{3}$	2	$-y^3 + 3y + \frac{2}{3}$	3	$x^2 + \frac{2}{3}$

問 1.1 次の整式について，次数と定数項を求め，表を完成せよ．

整式	次数	定数項	x に着目のとき		y に着目のとき	
			次数	定数項	次数	定数項
$x^3y - 5xy^2 + 3xy - 2y + 7$						
$x^3 - 3x^2y + 3xy^2 - y^3$						
$2x^3 + 4x^2y^2 - xy^3 - \frac{1}{3}y - 1$						

---

[8] 本書の♮1, ♮2, ♮3, ♮6 では，有理数を係数とする整式のみを取り扱うが，より一般（係数が複素数など）の場合も，加減乗除や有理式について本書で述べる方法と同様に計算できる．また，多項式と整式を同一視する流儀もある．

> **整式の整理**
>
> 整式を取り扱うときには,次の 2 つの手順により整理する(手順 1, 1′ は適宜選択).
> (手順 1) 次数の高い項から順に並べる(**降べきの順**に整理する).
> (手順 1′) 次数の低い項から順に並べる(**昇べきの順**に整理する).
> (手順 2) 文字の部分が同じ項(**同類項**)を,1 つの項にまとめる[9].

例 1.8 $-7 + x + 3x^2 - 5 - 3x$ を整理する.

$$-7 + x + 3x^2 - 5 - 3x$$
$$= 3x^2 + (x - 3x) - 7 - 5 \qquad (x \text{ について降べきの順に整理})$$
$$= \boxed{3x^2 - 2x - 12} \qquad (\text{同類項} \{x \text{ と } -3x, \ -7 \text{ と } -5\} \text{ をまとめる})$$
$$= \boxed{-12 - 2x + 3x^2} \qquad (x \text{ について昇べきの順に整理})$$

例 1.9 $x^2 + 3xy - \dfrac{1}{5}y^2 + 2x + y - 4$ を y について整理する.

$$x^2 + 3xy - \frac{1}{5}y^2 + 2x + y - 4$$
$$= -\frac{1}{5}y^2 + 3xy + y + x^2 + 2x - 4 \qquad (y \text{ について降べきの順に整理})$$
$$= \boxed{-\frac{1}{5}y^2 + (3x + 1)y + x^2 + 2x - 4} \qquad (\text{同類項} \{3xy \text{ と } y, \ x^2 \text{ と } 2x \text{ と } -4\} \text{ をまとめる})$$
$$= \boxed{x^2 + 2x - 4 + (3x + 1)y - \frac{1}{5}y^2} \qquad (y \text{ について昇べきの順に整理})$$

整式を整理することによって,整式の次数や定数項を容易に読み取れるだけでなく,次のように整式どうしの加法・減法も計算しやすくなる[10].

例 1.10 $A = -5x^2 + 3ax + 4a^2$, $B = 4x^3 - ax^2 + 3a$ のとき,$A + B$, $A - B$ を x に着目して計算し,整理する(ここで,A, B はすでに整理されている).

(1) $A + B = (-5x^2 + 3ax + 4a^2) + (4x^3 - ax^2 + 3a)$
$$= 4x^3 + (-5x^2 - ax^2) + 3ax + 4a^2 + 3a \qquad (x \text{ について降べきの順に整理})$$
$$= \boxed{4x^3 - (a + 5)x^2 + 3ax + 4a^2 + 3a} \qquad (\text{同類項をまとめる})$$

(2) $A - B = (-5x^2 + 3ax + 4a^2) - (4x^3 - ax^2 + 3a)$
$$= (-5x^2 + 3ax + 4a^2) - 4x^3 + ax^2 - 3a \qquad (\text{負の符号 } - \text{ だけ先に計算しておく})$$
$$= -4x^3 + (-5x^2 + ax^2) + 3ax + 4a^2 - 3a \qquad (x \text{ について降べきの順に整理})$$
$$= \boxed{-4x^3 + (a - 5)x^2 + 3ax + 4a^2 - 3a} \qquad (\text{同類項をまとめる})$$

---

[9] 同類項をまとめる操作は,分配法則 $(A + B)C = AC + BC$(次頁参照)を逆用する操作(C でくくり出す)で行う.たとえば,$1 \cdot x - 3 \cdot x = (1 - 3)x$ など.「§2 整式の乗法・因数分解」の例 2.5 も参照のこと.

[10] 計算結果を特定の目的に応用する際,結果が整理されていれば使い勝手や効率もよくなる.

一般に，整式の加法と乗法[11]について，数の場合の計算法則を，文字を含む数式の場合へと拡張した次の3法則がある．

整式の計算における3法則

整式 A, B, C に対して，次の計算法則がある[12]．

交換法則 (commutative law)　$A + B = B + A, \quad AB = BA$

結合法則 (associative law)　$(A + B) + C = A + (B + C), \quad (AB)C = A(BC)$

分配法則 (distributive law)　$A(B + C) = AB + AC, \quad (A + B)C = AC + BC$

問 1.2　次の整式の組について，$A + B$，$A - B$ を（　）内の文字に着目して計算し，整理せよ．

(1) $A = 2x^3 - ax^2 - 3x, \quad B = x^4 + a^2 x^2 + 4a^3$ 　　　　(x)

(2) $A = -x^2 + 5xy + y^2, \quad B = 2y^2 - 3yx + 7x^2$ 　　　　(y)

(3) $A = -7z^2 - yz + 6z^3, \quad B = xy^2 + 3xz + 2x^2$ 　　　　(z)

(4) $A = 3ab^2 - \dfrac{1}{2}b^2 + a^2 c, \quad B = 3b^2 - 2a^2 b + ac^2$ 　　　　(a)

問 1.3*　x を文字とする任意の整式 A は，y を文字とする整式 B, C を使って $A = xB + C$ の形に書き表せることを示せ．ただし，$y = x^2$ とする．（たとえば，$2x^3 + 4x^2 - 3x + 5 = x(2y - 3) + (4y + 5), y = x^2$．）

問 1.4　数だけではなく，x や y といった文字を含む数式を使う利点を説明せよ．

問 1.5　整式を整理することがなぜ大切であるかを説明せよ．

問 1.6　「整式の計算における3法則」が成立することにどのような意義があるかを考えてみよ（もし，この法則が常に成立しなければどうなるか）．

---

[11] 乗法については，次節で詳しく取り扱う．

[12] 自然数の場合には，これらの法則が成り立つことは想像しやすいであろう．しかし，文字を含む数式の場合は決して明白なことではない．たとえば，2文字の積が交換不能（$xy \neq yx$）な数式の体系を考えることもできる．自然数で成り立つ法則を，より広い範囲の（文字を含む）数式に対して通用させることで，文字をあたかも通常の数のように取り扱うことが可能となり，計算の応用範囲が広がるのである．

§2 整式の乗法・因数分解

❏ 単項式の整理（Simplification of Monomials）

指数の計算

自然数 m, n に対して，次が成り立つ．

$$a^m a^n = \overbrace{a \times \cdots \times a}^{m} \times \overbrace{a \times \cdots \times a}^{n} = a^{m+n} \qquad \begin{pmatrix} a：m \text{ 個と } a：n \text{ 個を掛け合わせると} \\ a：m+n \text{ 個} \end{pmatrix}$$

$$(a^m)^n = \overbrace{a^m \times \cdots \times a^m}^{n} = a^{mn} \qquad \begin{pmatrix} a：m \text{ 個を，} n \text{ 個を掛け合わせると } a：mn \\ \text{個} \end{pmatrix}$$

$$(ab)^n = \overbrace{(ab) \times \cdots \times (ab)}^{n} = a^n b^n \qquad \begin{pmatrix} ab：n \text{ 個は，} a：n \text{ 個と } b：n \text{ 個を掛け合わ} \\ \text{せたもの} \end{pmatrix}$$

例 2.1　単項式に含まれる数や文字を指数でまとめて整理する．

(1) $5^2 5^3 = 5^5$, $a^2 a^3 = a^5$

(2) $7^3 7 \cdot 3^2 3^5 = 3^7 7^4$, $x^3 xy^2 y^5 = x^4 y^7$

(3) $2^2 11^3 2^4 11^5 = 2^6 11^8$, $a^2 b^3 a^4 b^5 = a^6 b^8$

(4) $(-2)^4(-2)^5 = (-2)^9 = (-1)^9 2^9 = -2^9$, $(-x)^4(-x)^5 = (-x)^9 = (-1)^9 x^9 = -x^9$

(5) $(-7)^3 7^4 = \{(-1)^3 7^3\} \cdot 7^4 = -7^3 \cdot 7^4 = -7^7$, $(-a)^3 a^4 = \{(-1)^3 a^3\} \cdot a^4 = -a^3 \cdot a^4 = -a^7$

(6) $(2^2 b)^2 = 2^4 b^2$, $(a^2 b)^2 = a^4 b^2$

問 2.1　次の単項式を整理せよ．

(1) $(-3)^3 a^4 3^7 ab^3$　　　　　　　　(2) $-a^2 \times (-b)^3$

(3) $(3a^2 b)^2 \times (-2ab^3)^3$　　　　(4) $(-3a^2 b)^3 \times (-2ab^3)^2$

❏ 整式の展開（Expansion of Polynomials）

整式の積 $A_1 \times A_2 \times \cdots \times A_n$ を，単項式の和に変形することを**展開**（expansion）という．

$$\text{分配法則} \quad A(B+C) = AB + AC, \quad (A+B)C = AC + BC$$

を用いて積を展開できる．

例 2.2　数の場合 (1) と整式の場合 (2) で展開のしかたを比較する．

(1) $3(4+5) = \begin{cases} 3 \cdot 9 = 27 & \text{（整理 } 4+5=9 \text{ して計算）} \\ 3 \cdot 4 + 3 \cdot 5 = 12 + 15 = 27 & \text{（分配法則）} \end{cases}$

(2) $3(x+5) = \begin{cases} \times & (x+5 \text{ をこれ以上整理することは不可能}) \\ 3 \cdot x + 3 \cdot 5 = 3x + 15 & \text{（分配法則）} \end{cases}$

例 2.2 に見られるように，分配法則を使えば，どのような整式の積も展開できる[1]．

例 2.3 $(3x+1)(x+4)$ を展開する[2]．

$$(3x+1)(x+4) = (\boxed{3x+1}) \times (x+4) \quad \text{(分配法則)}$$
$$= x(3x+1) + 4(3x+1) \quad \text{(分配法則)}$$
$$= (3x^2+x) + (12x+4)$$
$$= \boxed{3x^2 + 13x + 4}$$

一般に次が成り立つ．

分配法則

$$A \times (B_1 + B_2 + \cdots + B_n) = AB_1 + AB_2 + \cdots + AB_n$$

例 2.4 $(a+b+c)(a-b-c)$ を展開する．

$$(a+b+c)(a-b-c) = (\boxed{a+b+c}) \times (a-b-c) \quad \text{(分配法則)}$$
$$= a(a+b+c) - b(a+b+c) - c(a+b+c) \quad \text{(分配法則)}$$
$$= (a^2+ab+ca) + (-ab-b^2-bc) + (-ca-bc-c^2)$$
$$= \boxed{a^2 - b^2 - c^2 - 2bc}$$

問 2.2 次の式を 分配法則を用いて 展開せよ．
(1) $(a+b)^2$ 　　　(2) $(a-b)^2$ 　　　(3) $(a+b)(a-b)$
(4) $(x+a)(x+b)$ 　　　(5) $(ax+b)(cx+d)$ 　　　(6) $(a+b)^3$
(7) $(a-b)^3$ 　　　(8) $(a+b)(a^2-ab+b^2)$ 　　　(9) $(a-b)(a^2+ab+b^2)$

問 2.3 $(1+2x+3x^2+4x^3)^2$ を展開したときの 3 次と 4 次の項を求めよ．

問 2.4 $(x+2y)(2x+y)(x+y)^3$ の展開式における，すべての係数の和を求めよ．

❏ 因数分解（Factorization）

本書では，因数分解するときには有理数を係数とする整式のみ を考えることとする．

整式を，いくつかの（定数でない）整式の積に変形することを**因数分解（factorization）**という[3]．

$$A = A_1 \times A_2 \times \cdots \times A_n \quad \text{(各整式 } A_i \text{ は定数でない)}$$

このとき，各 $A_i (1 \leqq i \leqq n)$ を A の**因数（factor）**といい[4]，因数がさらに因数分解できる場合は，これを可能な限り続ける．また，因数分解できない整式を**既約である（irreducible）**という．

---
[1] 例 2.3，例 2.4 のようにして，分配法則を反復利用することで展開できる．
[2] $x+4$ をひとまとまりの式と考えて，$(3x+1)(x+4) = 3x(x+4) + 1 \cdot (x+4)$ と計算してもよい．
[3] すなわち因数分解とは，整式の積の展開を逆に見たものであり，整数の約数を見つけることの類似である．
[4] 因数は，約数の概念の類似である．

例 2.5 各項に共通する整式があればくくり出す[5]ことができる.

(1) $xy - x^2 = x(y - x)$ より, $x, y - x$ は因数.
(2) $xy - x^2 = x(y - x) = -x(x - y)$ より, $-x, x - y$ は因数.
(3) $(\boxed{x+1})y - (\boxed{x+1})z = (\boxed{x+1})(y - z)$ より, $x + 1, y - z$ は因数.
(4) $x^3 y - xy^3 = xy(x^2 - y^2) = xy(x + y)(x - y)$ より, $xy, x^2 - y^2, x, y, x + y, x - y$ は因数.

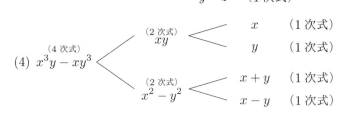

(1) $xy - x^2$ (2次式) — x (1次式), $y - x$ (1次式)

(2) $xy - x^2$ (2次式) — $-x$ (1次式), $x - y$ (1次式)

(3) $(x+1)y - (x+1)z$ (2次式) — $x + 1$ (1次式), $y - z$ (1次式)

(4) $x^3 y - xy^3$ (4次式) — xy (2次式) — x (1次式), y (1次式); $x^2 - y^2$ (2次式) — $x + y$ (1次式), $x - y$ (1次式)

上の例から予想されるように,一般に次が成り立つ.

因数分解の次数の和

整式の因数分解 $A = A_1 \times A_2 \times \cdots \times A_n$ に対して
$$\deg A = \deg A_1 + \deg A_2 + \cdots + \deg A_n$$
が成り立つ[6]. ここで,整式 P の次数を記号 $\deg P$ で表す.

問 2.5* 2つの整式 $x^2 + 1, x^3 + 2$ は既約か.既約でない場合は因数分解し,既約な場合にはその理由を説明せよ.

問 2.6* 因数分解 $A = A_1 \times A_2$ において,次の条件を満たす整式 A, A_1, A_2 の具体例を作れ.
 (1) 各 A_i は既約であり, $\deg A_1 = 1, \deg A_2 = 2$ である.
 (2) 各 A_i は既約であり, $\deg A_1 = 2, \deg A_2 = 3$ である.

問 2.7 次の式を因数分解せよ.
 (1) $ma + mb$ (2) $an + bn$
 (3) $(x^2 + x)a + (x^2 + x)b$ (4) $s(xy^2 - xy) + (t - 1)(xy^2 - xy)$

問 2.8 次の式を因数分解せよ[7].
 (1) $a^2 + 2ab + b^2$ (2) $a^2 + 6a + 9$
 (3) $a^2 - 2ab + b^2$ (4) $a^2 - 4a + 4$
 (5) $a^3 + b^3$ (6) $a^3 + 1$
 (7) $a^3 - b^3$ (8) $a^3 - 8$

---

[5] 分配法則 $A(B + C) = AB + AC, (A + B)C = AC + BC$ を逆用する.
[6] 因数分解の定義より,因数は定数でないので,とくに, $A \neq 0$ である.
[7] 問 2.2 を参考にせよ.

2次式の因数分解 (I)

- $x^2 + (a+b)x + ab = (x+a)(x+b)$

- $acx^2 + (ad+bc)x + bd = (ax+b)(cx+d)$

たすき掛け

$$
\begin{array}{ccc}
a & b & \longrightarrow & bc \\
c & d & \longrightarrow & ad \\
\hline
ac & bd & & ad+bc
\end{array}
$$

例 2.6 $x^2 + 3x + 2$ を因数分解する.

① $ab = 2$ となる整数の組 (a, b) $\implies$ $(a, b) = (\pm 1, \pm 2), (\pm 2, \pm 1)$ （複号同順）
② ①で求めた組のうち $a + b = 3$ となる組 (a, b) $\implies$ $(a, b) = (1, 2), (2, 1)$

よって, $\boxed{x^2 + 3x + 2 = (x+1)(x+2)}$.

例 2.7 $4x^2 + 4x - 3$ を因数分解する.

たすき掛け
$$
\begin{array}{ccc}
a & b & \longrightarrow & bc \\
c & d & \longrightarrow & ad \\
\hline
4 & -3 & & 4
\end{array}
$$

を満たす a, b, c, d を見つければよい.

① $ac = 4$ となる整数の組 (a, c) $\implies$ $(a, c) = (\pm 1, \pm 4), (\pm 2, \pm 2), (\pm 4, \pm 1)$ （複号同順）
② ①で求めた組のそれぞれに対して, $bd = -3, ad + bc = 4$ となる組 (b, d) を探す.

(i) $(a, c) = (1, 4)$ のとき
$$
\begin{array}{ccc}
1 & b & \longrightarrow & 4b \\
4 & d & \longrightarrow & d \\
\hline
4 & -3 & & 4
\end{array}
$$
$bd = -3, d + 4b = 4$ となる整数の組 (b, d) $\implies$ 存在しない[8].

(ii) $(a, c) = (2, 2)$ のとき
$$
\begin{array}{ccc}
2 & b & \longrightarrow & 2b \\
2 & d & \longrightarrow & 2d \\
\hline
4 & -3 & & 4
\end{array}
\implies
\begin{array}{ccc}
2 & 3 & \longrightarrow & 6 \\
2 & -1 & \longrightarrow & -2 \\
\hline
4 & -3 & & 4
\end{array}
$$
$bd = -3, 2d + 2b = 4$ となる整数の組 (b, d) $\implies$ $(b, d) = (3, -1)$ が見つかる.

よって, $\boxed{4x^2 + 4x - 3 = (2x+3)(2x-1)}$[9].

問 2.9 次の式を 因数分解 (I) を用いて 因数分解せよ.

(1) $x^2 + 7x + 12$ (2) $x^2 + 2x - 15$
(3) $3x^2 + 10x + 8$ (4) $6x^2 + 5x - 6$

---

[8] 例 2.6 と同様にして計算すればよい.
[9] 因数分解の結果を展開して右辺と一致するかどうかを確認するとよい.

2次式の因数分解（II）

$$x^2 + bx + c = \left(x + \frac{b}{2}\right)^2 - \left(\frac{b}{2}\right)^2 + c \qquad \text{10)}$$
$$= \left(x + \frac{b}{2}\right)^2 - \frac{\boldsymbol{b^2 - 4c}}{4}$$

ここで，$\boldsymbol{b^2 - 4c} = r^2$ を満たす r を見つけて

$$= \left(x + \frac{b}{2}\right)^2 - \left(\frac{r}{2}\right)^2 \qquad (A^2 - B^2 = (A+B)(A-B) \text{ を利用})$$
$$= \left(x + \frac{b}{2} + \frac{r}{2}\right)\left(x + \frac{b}{2} - \frac{r}{2}\right)$$
$$= \left(x + \frac{b+r}{2}\right)\left(x + \frac{b-r}{2}\right)$$

例 2.8 $x^2 + 3x + 2$ を因数分解する．

$$x^2 + 3x + 2 = \left(x + \frac{3}{2}\right)^2 - \left(\frac{3}{2}\right)^2 + 2$$
$$= \left(x + \frac{3}{2}\right)^2 - \frac{1}{4}$$
$$= \left(x + \frac{3}{2}\right)^2 - \left(\frac{1}{2}\right)^2$$
$$= \left(x + \frac{3}{2} + \frac{1}{2}\right)\left(x + \frac{3}{2} - \frac{1}{2}\right)$$
$$= \boxed{(x+2)(x+1)}$$

例 2.9 $4x^2 + 4x - 3$ を因数分解する．

$$4x^2 + 4x - 3 = 4\left(x^2 + x - \frac{3}{4}\right) \qquad (x^2 \text{ の係数 4 でくくり出す})$$
$$= 4\left\{\left(x + \frac{1}{2}\right)^2 - \left(\frac{1}{2}\right)^2 - \frac{3}{4}\right\}$$
$$= 4\left\{\left(x + \frac{1}{2}\right)^2 - 1\right\}$$
$$= 4\left(x + \frac{1}{2} + 1\right)\left(x + \frac{1}{2} - 1\right)$$
$$= 4\left(x + \frac{3}{2}\right)\left(x - \frac{1}{2}\right)$$
$$= \boxed{(2x+3)(2x-1)}$$

問 2.10 次の式を 因数分解（II）を用いて 因数分解せよ．

(1) $x^2 + 7x + 12$ 　　　　　　　　　(2) $x^2 + 2x - 15$
(3) $3x^2 + 10x + 8$ 　　　　　　　　(4) $6x^2 + 5x - 6$

問 2.11 整数係数の x の n 次式 $A = x^n + a_{n-1}x^{n-1} + \cdots + a_1 x + a_0$ について，$x - \alpha$ が A の因数であれば，α は a_0 の約数となることを示せ．

---

10) このような変形を（x に関する）平方完成という．「§5 累乗根・2 次方程式」を参照のこと．

§3 整式の除法・有理式

❏ 整式の除法（Division for Polynomials）

整式の除法は，整数の除法と類似した方法で行う．たとえば，$A = 3x^2 - 2x + 1$, $B = x - 2$ として，$A \div B$ を計算してみる．

$$
\begin{array}{r}
3x + 4 \\
x-2 \overline{\smash{)}\, 3x^2 - 2x + 1} \\
\underline{3x^2 - 6x } \\
4x + 1 \\
\underline{4x - 8} \\
9
\end{array}
$$

上の計算は，A から順に $3xB$, $4B$ を引いていき，次数が B の次数（$\deg B$）よりも低くなったときに終わっている．したがって，次の等式が得られる．

$$A - 3xB - 4B = 9$$
$$\therefore A = B(3x + 4) + 9 \quad (\deg(9) < \deg B)$$

このとき，$3x + 4$ を**商**（**quotient**），9 を**余り**（**residue**）という．一般に次が成り立つ．

除法の等式

整式 A, B について，次の等式を満たす整式 Q, R がただ 1 組存在する[1]．
$$A = BQ + R \quad (0 \leqq \deg R < \deg B)$$

例 3.1 $(x^2 + 2x - 3) \div (x - 1)$ を計算する．

$$
\begin{array}{r}
x + 3 \\
x-1 \overline{\smash{)}\, x^2 + 2x - 3} \\
\underline{x^2 - x } \\
3x - 3 \\
\underline{3x - 3} \\
0
\end{array}
$$

商：$x + 3$
余り：0

等式で表すと
$x^2 + 2x - 3 = (x - 1)(x + 3)$

例 3.2 $(2x^3 - 3x^2 - 11x + 15) \div (x^2 + 3x - 2)$ を計算する．

$$
\begin{array}{r}
2x - 9 \\
x^2+3x-2 \overline{\smash{)}\, 2x^3 - 3x^2 - 11x + 15} \\
\underline{2x^3 + 6x^2 - 4x } \\
-9x^2 - 7x + 15 \\
\underline{-9x^2 - 27x + 18} \\
20x - 3
\end{array}
$$

商：$2x - 9$
余り：$20x - 3$

等式で表すと
$2x^3 - 3x^2 - 11x + 15$
$= (x^2 + 3x - 2)(2x - 9) + 20x - 3$

---

[1] とくに $R = 0$ のとき，$A = BQ$ となる．このとき，A は B で**割り切れる**という．文字 x を含む整式 A に $x = a$ を代入して 0 になれば，整式 A は $x - a$ で割り切れる（**因数定理**）という事実が，除法の等式の一帰結として得られる．

例 3.3 $(5x^2 - 3x + 2) \div (2x - 1)$ を計算する.

$$\begin{array}{r}
\frac{5}{2}x - \frac{1}{4} \\
2x-1 \overline{\smash{)}\, 5x^2 - 3x + 2} \\
5x^2 - \frac{5}{2}x \\
\hline
-\frac{1}{2}x + 2 \\
-\frac{1}{2}x + \frac{1}{4} \\
\hline
\frac{7}{4}
\end{array}$$

商 : $\dfrac{5}{2}x - \dfrac{1}{4}$

余り : $\dfrac{7}{4}$

等式で表すと
$5x^2 - 3x + 2 = (2x-1)\left(\dfrac{5}{2}x - \dfrac{1}{4}\right) + \dfrac{7}{4}$

問 3.1 次の整式 A を整式 B で割ったときの商と余りを求め,等式で表せ.
(1) $A = 6x^2 - 3x + 17,\ B = 3x - 6$
(2) $A = 2x^4 - 5x^3 + 3x^2 - 11x - 21,\ B = 2x^2 - x + 7$
(3) $A = 3x^3 + 2,\ B = 2x + 1$
(4) $A = a^3 + b^3,\ B = a + b$
(5) $A = a^3 - b^3,\ B = a - b$

❏ 有理式 (Rational Expressions)

A, B が整式で,$B \neq 0$ のとき,等式 $BX = A$ を満たす X を記号 $\dfrac{A}{B}$ で表し,これを **有理式** (rational expression) という[2]. このとき,A を **分子** (numerator),B を **分母** (denominator) という.

有理式の分子と分母に共通の因数があれば,分子と分母をその因数で割って簡単にする(**約分する** (reduce))ことができる.それ以上約分できない有理式を **既約である** (irreducible) といい,約分可能な有理式を **可約である** (reducible) という.

問 3.2* $A = A'D,\ B = B'D\ (\neq 0)$ のとき,$\dfrac{A}{B} = \dfrac{A'}{B'}$ となる理由を,定義にもとづいて説明せよ.

例 3.4 可約な有理式は,約分して既約な有理式になおす.
(1) $\dfrac{a^5}{a^2} = \dfrac{a \times a \times a \times a \times a}{a \times a} = a \times a \times a = a^3,\quad \dfrac{a^3}{a^3} = \dfrac{a \times a \times a}{a \times a \times a} = 1$
(2) $\dfrac{a^2 b^2}{a^5 b} = \dfrac{a \times a \times b \times b}{a \times a \times a \times a \times a \times b} = \dfrac{b}{a \times a \times a} = \dfrac{b}{a^3}$
(3) $\dfrac{(2ab)^5}{(2ab^2)^3} = \dfrac{2^5 a^5 b^5}{2^3 a^3 b^6} = \dfrac{2^2 a^2}{b} = \dfrac{4a^2}{b}$
(4) $\dfrac{3x^2 + 2x + 1}{5} = \dfrac{1}{5}(3x^2 + 2x + 1) = \dfrac{3}{5}x^2 + \dfrac{2}{5}x + \dfrac{1}{5}$(分母が定数のときは整式になる)

---

[2] 分数式とも呼ばれる一方,有理式と分数式は異なる概念とする流儀もある.とくに,A, B が整数のとき,$\dfrac{A}{B}$ は有理数であり,有理式の定義が有理数の定義の拡張であることがわかる.

有理式の既約化

分子と分母をそれぞれ因数分解し，分子と分母の共通因数をすべて消去する．

$$\frac{A}{B} = \frac{A_1 \times A_2 \times A_3 \times \cdots}{B_1 \times B_2 \times B_3 \times \cdots} \quad \text{(分子と分母を因数分解)}$$

$$= \frac{A'}{B'} \quad \begin{pmatrix} \text{分子の因数} \{A_1, A_2, \cdots\} \text{と分母の因数} \{B_1, B_2, \cdots\} \text{のうち,} \\ \text{共通する因数を消去して，既約な有理式にする.} \end{pmatrix}$$

例 3.5

(1) $\dfrac{x(x+1)}{3x^2} = \dfrac{\boldsymbol{x} \times (x+1)}{3 \times \boldsymbol{x}^2} = \dfrac{x+1}{3x}$ （1 次式 x が分子と分母の因数）

(2) $\dfrac{a^2b - ab^2}{2a^2 - 2b^2} = \dfrac{a \times b \times (\boldsymbol{a-b})}{2(\boldsymbol{a-b})(a+b)} = \dfrac{ab}{2(a+b)}$ （1 次式 $a-b$ が分子と分母の因数）

例 3.6 $\dfrac{x^2 - 2x - 3}{x - 3}$ を既約な有理式になおす[3]．

$$\dfrac{x^2 - 2x - 3}{x - 3} = \dfrac{(x+1)(x-3)}{x-3} \quad \text{(分子と分母を因数分解)}$$

$$= \boxed{x + 1} \quad \text{(共通因数を消去)}$$

問 3.3 次の有理式を既約な有理式になおせ．

(1) $\dfrac{27x^3yz^4}{18xy^2z}$ (2) $\dfrac{x^3 - 4x^2 - 5x}{x^2 - 10x + 25}$ (3) $\dfrac{(a-b)^2 - c^2}{a^2 - (b-c)^2}$

❏ 有理式の加法と減法 (Addition and Subtraction for Rational Expressions)

有理式の加法・減法は，有理数の加法・減法と同様に計算できる．

分母が同じ有理式の加法と減法

分母が同じ 2 つの有理式 $\dfrac{A}{B}, \dfrac{C}{B}$ に対して，次が成り立つ．

加法 $\dfrac{A}{B} + \dfrac{C}{B} = \dfrac{A+C}{B}$

減法 $\dfrac{A}{B} - \dfrac{C}{B} = \dfrac{A-C}{B}$

Proof. 有理式の定義から，$\dfrac{A}{B}, \dfrac{C}{B}$ はそれぞれ等式 $BX = A, BY = C$ を満たす X, Y である．これら 2 つの等式の両辺どうしを足すと

$$B(X+Y) = A + C$$

$$\therefore X + Y = \dfrac{A+C}{B}$$

差については，等式 $BX = A$ から等式 $BY = C$ を引けば上と同様に証明できる． □

---

[3] $\dfrac{\boldsymbol{x}^2 - 2\boldsymbol{x} - 3}{\boldsymbol{x} - 3} \neq \dfrac{x - 2 - 3}{1 - 3}$ （x は分子と分母の因数ではない）．

2つ以上の有理式の分母を共通にすることを**通分する**という.
$$\frac{A}{B} + \frac{C}{D} = \frac{A\boldsymbol{D}}{B\boldsymbol{D}} + \frac{BC}{BD} \quad \text{(分母が共通 } BD \text{ になった)}$$
分母が異なる場合においても，通分すれば，和や差を計算して1つの有理式にまとめることができる.

例 3.7 $\dfrac{x}{x-2} + \dfrac{2}{(x-2)(x-3)}$ を計算する.

$\dfrac{x}{x-2} + \dfrac{2}{(x-2)(x-3)}$

$= \dfrac{x(\boldsymbol{x-3})}{(x-2)(\boldsymbol{x-3})} + \dfrac{2}{(x-2)(x-3)}$ （分母を共通にする（通分する））

$= \dfrac{x(x-3) + 2}{(x-2)(x-3)}$ （分母は展開せず，分子を展開・整理する.）

$= \dfrac{x^2 - 3x + 2}{(x-2)(x-3)}$ （分子を因数分解する）

$= \dfrac{(x-1)(x-2)}{(x-2)(x-3)}$ （分子と分母の共通因数を消去して，既約化する）

$= \boxed{\dfrac{x-1}{x-3}}$

問 3.4 次を計算して，1つの既約な有理式で表せ.

(1) $\dfrac{x-1}{x+2} + \dfrac{x+1}{x-2}$ 　　(2) $\dfrac{st}{s+t} - t$

(3) $\dfrac{x-3}{x^2-3x+2} - \dfrac{x+5}{x^2+x-2}$ 　　(4) $\dfrac{a+t}{a^2-at} + \dfrac{a-t}{at-t^2}$

問 3.5* $k = 0, 1, 2$ のそれぞれの場合に次を計算し，1つの既約な有理式で表せ[4]．

$$\frac{a^k}{(a-b)(a-c)} + \frac{b^k}{(b-c)(b-a)} + \frac{c^k}{(c-a)(c-b)}$$

❏ 有理式の乗法と除法（Multiple and Division for Rational Expressions）

有理式の乗法・除法は，有理数の乗法・除法と同様に計算できる.

有理式の乗法と除法

2つの有理式 $\dfrac{A}{B}, \dfrac{C}{D}$ に対して，次が成り立つ.

乗法 $\dfrac{A}{B} \times \dfrac{C}{D} = \dfrac{A \times C}{B \times D}$

除法 $\dfrac{A}{B} \div \dfrac{C}{D} = \dfrac{A}{B} \times \dfrac{D}{C} = \dfrac{A \times D}{B \times C}$

---

[4] さらに，$k = 3, 4, 5$ の場合にどうなるかを考えてみよ.

例 3.8 分母と分子を因数分解して共通因数を消去し，既約化する．

(1) $\dfrac{2-x}{x+2} \times \dfrac{x^2-x-6}{x^2+3x-10} = \dfrac{-(x-2)}{x+2} \times \dfrac{(x+2)(x-3)}{(x+5)(x-2)} = -\dfrac{x-3}{x+5}$

(2) $\dfrac{x^2+3x-4}{x^3-3x^2+3x-1} \div \dfrac{x^3+6x^2+8x}{x^2+x-2} = \dfrac{(x+4)(x-1)}{(x-1)^3} \times \dfrac{(x-1)(x+2)}{x(x+4)(x+2)} = \dfrac{1}{x(x-1)}$

問 3.6 次を計算して，1つの既約な有理式で表せ．

(1) $\dfrac{12s^2}{35tu} \times \dfrac{14u}{20st}$

(2) $\dfrac{x^2+3x+2}{x^2+3x} \div \dfrac{x^2+4x+4}{x^2-2x-15} \times \dfrac{x^2+2x}{x^2-4x-5}$

(3) $\dfrac{a^2b-ab^2}{a^2b-ab-6b} \div \dfrac{-a^2+ab}{a^2+4a-21}$

(4) $\dfrac{3x-x^2}{x^2+6x+5} \times \dfrac{x+5}{x^2-6x+9}$

問 3.7* 次を計算して，1つの既約な有理式で表せ．

(1) $-\dfrac{1}{a+1} + \dfrac{1}{a-1} + \dfrac{-a+1}{a^2+a+1} + \dfrac{a+1}{a^2-a+1}$

(2) $1 + \dfrac{x}{1 - \dfrac{1}{1 - \dfrac{x}{x-1}}}$ [5)]

(3) $\dfrac{bc}{(a-b)(a-c)} + \dfrac{ca}{(b-c)(b-a)} + \dfrac{ab}{(c-a)(c-b)}$

(4) $\dfrac{b}{a(a+b)} + \dfrac{c}{(a+b)(a+b+c)} + \dfrac{d}{(a+b+c)(a+b+c+d)}$

問 3.8 有理式の乗法と除法について，次の等式を証明せよ[6)]．

$$\dfrac{A}{B} \times \dfrac{C}{D} = \dfrac{A \times C}{B \times D}$$

$$\dfrac{A}{B} \div \dfrac{C}{D} = \dfrac{A}{B} \times \dfrac{D}{C} = \dfrac{A \times D}{B \times C}$$

問 3.9 $\dfrac{1}{0}$ が計算できない理由を，定義にもとづいて説明せよ．

問 3.10 $\dfrac{0}{0}$ が計算できない理由を，定義にもとづいて説明せよ．

問 3.11 $\dfrac{1}{2} + \dfrac{1}{3} = \dfrac{2}{5}$ という計算が誤りである理由を，定義にもとづいて説明せよ．

[5)] このような有理式を**繁分数式**という．下から順番に計算するとよい．

[6)] 分母が同じ有理式の加法と減法の証明を参考にせよ．

§4 数の世界の広がり

❏ 自然数（Natural Numbers）

ものを数えるときに使う次の数を**自然数**（natural number）という．

$$1,\ 2,\ 3,\ 4,\ 5,\ 6,\ 7,\ 8,\ 9,\ 10,\ 11,\ 12, \cdots$$

1 を最小とし，2 つの自然数の和・積は再び自然数になるという性質をもつ．

紀元前 2 万年頃，人類が月の周期の回数を測るために動物の骨に小さな線を刻み，数を数える行為がなされていたという説がある[1]．また，規則的にグループ化された結び目の発見から，紀元前 8000 年頃の天文観察で数える行為があったとの推定もある．

❏ 整数（Integers）

2 つの自然数 a, b に対して，等式 $\square + a = b$ を満たす $\square$ を**整数**（integer）という．すなわち整数とは，2 つの自然数の差として現れる次のような数である．

$$\cdots -6,\ -5,\ -4,\ -3,\ -2,\ -1,\ 0,\ 1,\ 2,\ 3,\ 4,\ 5,\ 6, \cdots$$

2 つの整数の和・差・積は，再び整数になるという性質をもつ．

負（マイナス）の概念は古代から存在したが，当時は数として認識されていなかった．たとえば古代中国の数学書「九章算術」や，古代ギリシャのディオファントス（Diophantus）による数学書「算術」の中では，計算上の都合で負の概念が使用されているものの，数としては明確に認識されていなかった．負の数が正の数と平等に取り扱われ始めたのは，インドで零 0 が発見された 7 世紀頃から，8 世紀までの間と考えられている．また，負の数が完全に理解されるようになったのは，17 世紀にフランスのデカルト（Descartes）が座標（とくに数直線）の概念を導入してからのようである．

❏ 有理数（Rational Numbers）

2 つの整数 a, b に対して，等式 $a \times \square = b$ を満たす（唯一の）$\square$ を**有理数**（rational number）という．すなわち有理数とは，2 つの整数の商として現れる次のような数である．

$$\cdots -6,\ -5,\ -4,\ -3,\ -2,\ -1,\ 0,\ 1,\ 2,\ 3,\ 4,\ 5,\ 6, \cdots$$
$$\cdots -\frac{8}{5},\ -\frac{17}{11},\ -\frac{3}{2},\ -\frac{10}{7},\ -\frac{7}{5},\ -\frac{2}{3},\ \frac{2}{3},\ \frac{7}{5},\ \frac{10}{7},\ \frac{3}{2},\ \frac{17}{11},\ \frac{8}{5}, \cdots$$

2 つの有理数の和・差・積・商は，再び有理数になるという性質をもつ[2]．

正の有理数に関しては，負の数が認識されるよりもずっと以前，紀元前数千年にもさかのぼる古代文明の頃より知られていた．古代では，税の徴収や測量，建設，交易，暦の作成，儀式の執行などに数学が必要だったため，自然数で表せない精緻な長さや量をより正確に測りたいとの思いから，古代人は分数（正の有理数）の概念に到達したことが想像される．

---

[1] コンゴのイシャンゴ遺跡において，斜め線の刻まれた動物の骨の化石が発掘されたことに由来する．
[2] もちろん，0 による除算は不可能である．

❏ 実数（Real Numbers）

有理数を大きさの小さい順に直線上に整列して，各々の有理数を1つの点と見なすと次のような"直線"になるように思える．

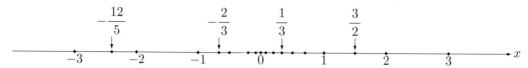

しかし実は，この"直線"には無数の隙間があり，不連続であることがピタゴラス[3]学派によって証明された．ピタゴラス学派は，一辺の長さが1であるような正方形の対角線の長さは何か，という問いに対し，それが有理数とは異なるもの（$\sqrt{2}$）であることに気づいたのである．連続的につながった直線上の点のうち，有理数に対応しない点は，有理数とは異なる数であり，これを**無理数（irrational number）**という．無理数は，無数の隙間に対応する点と解釈できる．

実数（real number）とは，有理数または無理数であるような数である[4]．視覚的には隙間なく敷き詰められた数直線上の点と見なせる[5]．

次はすべて実数であり，各々が数直線上のある一点に対応していることが想像できる．

$$\sqrt{2} = 1.4142135623730950488016887242 10\cdots$$
$$\sqrt{3} = 1.7320508075688772935274463415 06\cdots$$
$$\frac{781}{333} = 2.34534534534534534534534534 5\cdots$$
$$e = 2.7182818284590452353602874713 52\cdots \quad (\text{ネイピア（Napier）数})$$
$$\pi = 3.1415926535897932384626433832 80\cdots \quad (\text{円周率})$$

上の実数のうち，$\frac{781}{333}$ だけが有理数で，その他は無理数である．小数の表示をじっと眺めてみると，有理数である $\frac{781}{333}$ だけが途中（小数点以下）から循環して（345の繰り返しで）数が並んでいることがわかる．実は，次の事実が知られている．

実数の小数表示

実数 a に対して，次が成り立つ．

a が有理数である ⟺ a を小数表示にしたとき，ある桁から先に並んだ数が循環する[6]

a が無理数である ⟺ a を小数表示にしたとき，どんなに先の桁についても循環しない（不規則である）

問 4.1 $0.999999999999999\cdots$ は，小数点以下9が循環するので有理数である．これを分数の形で表すとどのような数になるか．

---

[3] Pythagoras, 紀元前572頃-497. 三平方の定理や，音階と数比率の関係を発見したとされる.
[4] 実数の厳密な定義が与えられたのは19世紀である．ピタゴラスの時代から随分長い年月がかかった．
[5] このような直線を**実直線（real line）**という．実数を一直線上に整列できるのは，実数が満たす全順序公理という性質による．「♯1 関数とグラフ」も参照のこと．
[6] たとえば $\frac{12345}{1000} = 12.345$ のように，ある桁で数が途切れる場合は，その先に0が循環する（$12.345000000\cdots$）と解釈する．

❏ 複素数(Complex Numbers)

2つの実数a, bに対して,等式$\square^2 + a\square + b = 0$を満たす$\square$を複素数(complex number)という.すなわち複素数とは,実数係数の適当な2次式を0にする,次のような数である.

$$\cdots -2, \quad -1-\sqrt{-1}, \quad -\frac{1}{2}\sqrt{-1}, \quad -\frac{2}{3}, \quad 0, \quad \sqrt{-1}, \quad \frac{3}{2}\pi, \quad 5\sqrt{2}\sqrt{-1}, \quad 3+2\sqrt{-1}, \cdots$$

2つの複素数の和・差・積・商は,再び複素数になるという性質をもつ.

16世紀のカルダノ[7]は,計算上の便宜として2乗すると負の数になる「数」を考えたが,これは当時,数として認められていなかった.

$$\square^2 = -a \quad (a > 0) \xrightarrow{\pm\sqrt{}} \quad \square = \pm\sqrt{-a}$$

18世紀にはオイラー[8]が$\sqrt{-a}$を数として正式に認め,積極的に活用した.とくに虚数単位iを,等式$i^2 = -1$を満たす「数」として初めて導入した.現在使われている複素数という名は19世紀のガウス[9]による命名であり,形式的にはiを含む記号$a + bi$ (a, bは実数)で複素数を表せる.

❏ 数の発見と発展 (Development and Discovery of Numbers)

本節で述べてきたように,人類は,数を数えること―自然数―から始まり,様々な等式を満たす数を発見する努力を通して,自然数から整数,整数から有理数,有理数から実数,実数から複素数へと,「数」の定義を拡張し続けてきた[10].数学上の新発見は,いつどこでどのように実社会へと応用されるかわからないことが多いが,歴史を振り返ると,時を経て意外な場面で応用されることがしばしばあり,これが科学の進歩の一端を築いてきたことは確かである.古代では長年「数」として理解されなかった負の数や虚数についても[11],現代では利便性に富む必要不可欠な存在となっており[12],今もなお,様々な「数」のもつ不思議な性質が専門家によって調べられ,将来の応用が期待されている.また,今日では世界中で当たり前のように使われるインド・アラビア10進記数法[13]は,人類の使いやすい形態に洗練された数の表記法であるが,かつては異文化を象徴するかのように国ごとの実に多様な数記法が存在した.数学は,その記述方法を含め,何千年もの時を経て現代に至るまで発展し続けてきた,歴史の幅と深みのある学問なのである.

---

[7] Girolamo Cardano, 1501-1576. イタリア出身で,本職は医者.3次方程式の解法を巡るタルターリア (Niccolò Fontana "Tartaglia", 1499-1577, イタリア出身.タルターリアは「どもる人」のことで,あだ名である.本名はフォンタナ)とのやりとりがよく知られている.

[8] Leonhart Euler, 1707-1783, スイス出身.数学・物理・医学などの様々な分野において多産な貢献をもたらした.

[9] Carl Friedrich Gauss, 1777-1855, ドイツ出身.主に数学・物理・天文学の分野において,近代科学の発展に多大な貢献をもたらした.発表された研究成果はオイラーよりもかなり少ないが,多分野にわたるガウスの数学上の功績は,現代でもなおその分野の進展に影響を与えるほどの深みがある.

[10] 有理数から実数への拡張の類似として,有理数からp-進数 (p-adic number)への拡張がある.p-進数は,コンピューターが動作するための根本原理である2進法(電気信号の有無をそれぞれ1, 0の2文字に割り当て,コンピューターへの命令(プログラム)を文字1, 0の配列で書き表す数記法)を一般化し,拡張した概念であり,p-進数の基盤をなす数の合同 (congruence) の概念は,RSA暗号や楕円曲線暗号といった暗号理論において,インターネットショッピングでの個人情報のやりとりといった,第三者による傍受から情報を隠匿する上で重要な役割を果たす.

[11] 現代において,虚数は果たして「数」なのか?と思う初学者も少なくはないが,古代では,負の数ですら「数」として理解されていなかった.既に認識された数と同様の計算規則をもつ対象を「数」の仲間として認めることで,新しい知見と応用が生まれるのである.

[12] たとえば,虚数は電気工学における交流電気回路のベクトル計算に応用される.さらに,19世紀にハミルトン (William Rowan Hamilton, 1805-1865, アイルランド出身の数学者兼物理学者.10歳までに10ヵ国以上の言語に通じた)によって発見された複素数の拡張概念―4元数 (quaternion) ―は,コンピューターグラフィックス理論を用いた映画アニメーションの技術に応用がある.

[13] この記数法は,インドで零0が発見された7世紀頃から既に使われていた.数記号そのものよりも重要なのは,位取りの概念の導入であり,0から9までのたった10個の数記号だけで,無数の数を容易に表現できる点である.

♮5 累乗根・2次方程式

❏ 累乗根（Radicals）

自然数 n と実数 a に対し，等式 $x^n = a$ を満たす x を **a の n 乗根**（**n-th roots of a**）という[1]．簡単のため，本書では $a \geqq 0$ の場合のみを取り扱う．

例 5.1 0 の 2 乗根は 0 のみである．1 の 2 乗根は ± 1．4 の 2 乗根は ± 2．3 は 27 の 3 乗根の 1 つ．

$a (> 0)$ の n 乗根のうち，正の実数がただ 1 つ定まり[2]，これを記号 $\sqrt[n]{a}$ または形式的に指数の計算が可能な記号 $a^{\frac{1}{n}}$ で表す．また，0 の n 乗根は 0 のみであり，便宜上，$\sqrt[n]{0} = 0$ と定義する．

$$(a^{\frac{1}{n}})^n = \overbrace{a^{\frac{1}{n}} \times \cdots \times a^{\frac{1}{n}}}^{n-\text{times}} = a^{\frac{1}{n} + \cdots + \frac{1}{n}} = a^{\frac{1}{n} \times n} = a^1 = a$$

とくに，2 乗根を**平方根**（**square root**）といい[3]，記号 $\sqrt[2]{a}$ をたんに $\sqrt{a} (= a^{\frac{1}{2}})$ と書く．正の実数 a の平方根は 2 つ存在し，それらは $\pm\sqrt{a} (= \pm a^{\frac{1}{2}})$ である．また，n 乗根を**累乗根**（**radical**）ともいう．

例 5.2 2 の平方根は $\pm\sqrt{2} (= \pm 2^{\frac{1}{2}})$．$3$ の平方根は $\pm\sqrt{3} (= \pm 3^{\frac{1}{2}})$．$4$ の平方根は $\pm\sqrt{4} = \pm\sqrt{2^2} = \pm(2^2)^{\frac{1}{2}} = \pm 2$．$5$ の平方根は $\pm\sqrt{5} (= \pm 5^{\frac{1}{2}})$．

例 5.3 面積が 3 の正方形の一辺の長さを α とすると，$\alpha^2 = 3$（α は正の実数）なので，$\alpha = \sqrt{3} (= 1.732\cdots)$ となる．また，体積が 2 の立方体の一辺の長さを β とすると，$\beta^3 = 2$（x は正の実数）なので，$\beta = \sqrt[3]{2} (= 1.259\cdots)$ となる．

例 5.4 ある銀行にお金を預けると 1 年経つごとに預金額が r 倍になるという．10 年後，最初に預けた金額の 1.02 倍に預金額が増えたとすると，$r^{10} = 1.02$（r は正の実数）なので，$r = \sqrt[10]{1.02} (= 1.00198\cdots)$ となる．

累乗根の性質

実数 a, b（ともに 0 以上）に対して，次が成り立つ．

(i) a の n 乗根のうち，実数であるものは[4] $\begin{cases} \pm\sqrt[n]{a} (= \pm a^{\frac{1}{n}}) & (n \text{ が偶数のとき}) \\ \sqrt[n]{a} (= a^{\frac{1}{n}}) & (n \text{ が奇数のとき}) \end{cases}$ である

(ii) $\sqrt[n]{a^m} = (a^{\frac{1}{n}})^m = a^{\frac{m}{n}} = (a^m)^{\frac{1}{n}} = \sqrt[n]{a^m}$

(iii) $\sqrt[n]{a} \sqrt[n]{b} = a^{\frac{1}{n}} b^{\frac{1}{n}} = (ab)^{\frac{1}{n}} = \sqrt[n]{ab}$

(iv) $b > 0$ のとき，$\dfrac{\sqrt[n]{a}}{\sqrt[n]{b}} = \dfrac{a^{\frac{1}{n}}}{b^{\frac{1}{n}}} = \left(\dfrac{a}{b}\right)^{\frac{1}{n}} = \sqrt[n]{\dfrac{a}{b}}$

---

[1] a の n **べき根**ともいう．すなわち，n 乗すると a になる数が，a の n 乗根である．
[2] この証明は省略する．「♮6 逆関数」の例 6.2 も参照のこと．
[3] 3 乗根を**立方根**（**cube root**）という．
[4] 一般に，a の n 乗根は全部で n 個存在し，これらは複素数である．

問 5.1 §2 の「指数の計算」について，自然数 m, n が正の有理数 $\dfrac{m}{m'}, \dfrac{n}{n'}$ のときにも計算法則が成立することを示せ．ただし，$a^{\frac{m}{m'}} = (a^{\frac{1}{m'}})^m$ と定義する．

例 5.5 自然数のべきの場合と同様に，有理数 $\dfrac{1}{n}$ のべきに対しても 指数の計算 が可能である[5]．

(1) $\sqrt{8}\sqrt{3} = (2^3)^{\frac{1}{2}} \cdot 3^{\frac{1}{2}} = 2^{\frac{3}{2}} \cdot 3^{\frac{1}{2}} = 2^{1+\frac{1}{2}} \cdot 3^{\frac{1}{2}} = 2 \cdot (2 \cdot 3)^{\frac{1}{2}} = 2 \cdot 6^{\frac{1}{2}} = 2\sqrt{6}$

(2) $\sqrt[3]{135} = (3^3 \cdot 5)^{\frac{1}{3}} = 3 \cdot 5^{\frac{1}{3}} = 3\sqrt[3]{5}$

(3) $\sqrt{12}\sqrt[3]{3} = (2^2 \cdot 3)^{\frac{1}{2}} \cdot 3^{\frac{1}{3}} = 2 \cdot 3^{\frac{1}{2}} \cdot 3^{\frac{1}{3}} = 2 \cdot 3^{\frac{1}{2}+\frac{1}{3}} = 2 \cdot 3^{\frac{5}{6}} = 6\sqrt[6]{3^5} = 6\sqrt[6]{243}$

(4) $\dfrac{\sqrt[5]{15}}{\sqrt[5]{6}} = \dfrac{(3 \cdot 5)^{\frac{1}{5}}}{(2 \cdot 3)^{\frac{1}{5}}} = \left(\dfrac{3 \cdot 5}{2 \cdot 3}\right)^{\frac{1}{5}} = \sqrt[5]{\dfrac{5}{2}}$

(5) $\sqrt[3]{\sqrt{5}} = (5^{\frac{1}{2}})^{\frac{1}{3}} = 5^{\frac{1}{6}} = \sqrt[6]{5}$

(6) $\sqrt[3]{4}\sqrt[6]{4} = (2^2)^{\frac{1}{3}}(2^2)^{\frac{1}{6}} = 2^{\frac{2}{3}} 2^{\frac{1}{3}} = 2^{\frac{2}{3}+\frac{1}{3}} = 2$

問 5.2 次の式を計算して整理せよ．

(1) $\sqrt[6]{64}$　　(2) $\sqrt[3]{5}\sqrt[3]{25}$　　(3) $\sqrt[4]{\dfrac{2}{3}}\sqrt[4]{24}$　　(4) $\dfrac{\sqrt{125}}{\sqrt{5}}$

例 5.6 $\sqrt{75} - \sqrt{12}$ を計算して整理する．

$\sqrt{75} - \sqrt{12} = (3 \cdot 5^2)^{\frac{1}{2}} - (2^2 \cdot 3)^{\frac{1}{2}}$ 　　($\sqrt{}$ の中は素因数分解し，$\sqrt{}$ はべき乗 $\frac{1}{2}$ で表す)

$\phantom{\sqrt{75} - \sqrt{12}} = 3^{\frac{1}{2}} \cdot 5 - 2 \cdot 3^{\frac{1}{2}}$ 　　(べき乗 $\frac{1}{2}$ を振り分ける)

$\phantom{\sqrt{75} - \sqrt{12}} = (5 - 2) \cdot 3^{\frac{1}{2}}$ 　　(整理する)

$\phantom{\sqrt{75} - \sqrt{12}} = \boxed{3\sqrt{3}}$ 　　(最後まで整理した後，$\sqrt{}$ に戻す)

問 5.3 次の式を計算して整理せよ．

(1) $\sqrt{18} - 3\sqrt{50} + 5\sqrt{98}$　　(2) $2\sqrt{30}\sqrt{125} + 3\sqrt{12}\sqrt{8} - 4\sqrt{54}$

(3) $(\sqrt{3} - \sqrt{6})^2 - (\sqrt{3} + \sqrt{6})^2$　　(4) $(6\sqrt{5} + 5\sqrt{6})(6\sqrt{6} - 5\sqrt{5})$

問 5.4 次の式を計算して整理せよ．

(1) $2\sqrt[3]{54} - \sqrt[3]{2} - \sqrt[3]{16}$　　(2) $\dfrac{1}{4^{\frac{3}{2}}} \times 27^{\frac{1}{3}} \times \sqrt{16^3}$

(3) $\sqrt{\sqrt{\sqrt{2}}}$　　(4) $\sqrt{3}\sqrt[3]{3}\sqrt[4]{3}$

問 5.5* $a > 0, \alpha = \dfrac{1}{2}\left(a^2 - \dfrac{1}{a^2}\right)$ のとき，$\sqrt{\alpha + \sqrt{\alpha^2 + 1}}$ を簡単にせよ．

問 5.6 計算式 $\sqrt{(-5)^2} = \{(-5)^2\}^{\frac{1}{2}} = -5$ が誤りである理由を，定義にもとづいて説明せよ．

問 5.7 n が奇数のとき，負の実数 a に対しても累乗根 $\sqrt[n]{a}$ が定義できることを確かめよ．

---

[5] 「§2 整式の乗法・因数分解」を参照のこと．

❑ 方程式 (Equations)

A, B がいくつかの未知数 $x, y, \cdots$ を含む数式であるとき，等式 $A = B$ を**方程式** (equation) といい，方程式を満たす具体的な値（または数式）の組 $(x, y, \cdots)$ を（方程式の）**解** (solution) という．方程式に対して，次の操作が可能である．

方程式に対する代数的操作

（操作1）方程式の両辺に同じ数式 (k) を足したり引いたりする[6]
$$A = B \xrightarrow{\pm k} A \pm k = B \pm k$$

（操作2）方程式の両辺に同じ数式 (k) を掛ける[7]
$$A = B \xrightarrow{\times k} kA = kB$$

（操作3）方程式の両辺の n 乗根をとる[8]
$$A^n = B \xrightarrow{n\text{乗根}} \begin{cases} A = \pm \sqrt[n]{B} \left(= \pm B^{\frac{1}{n}}\right) & (n \text{が偶数のとき}) \\ A = \sqrt[n]{B} \left(= B^{\frac{1}{n}}\right) & (n \text{が奇数のとき}) \end{cases}$$

A, B を整式とする．このとき，$A - B$ が n 次式となる方程式 $A = B$ を **n 次方程式** (equation of degree n) という．[9]

例 5.7 $a \neq 0$ のとき，$ax^2 + bx + c = 0, ax + by + c = 0, bx + c = dx^2 + ay^3 + e, ax^5 + bx^4 + cx^3 + dx^2 + ex + f = 0$ はそれぞれ 2 次，1 次，3 次，5 次の方程式である．

例 5.8 実数 $a (> 0)$ に対し，n 次方程式 $x^n - a = 0$ の正の実数解は $x = \sqrt[n]{a}$ である．

問 5.8 等式 $ax + b = 0$ (a, b は定数) を満たす x を求めよ[10]．

❑ 2 次方程式 (Quadratic Equations)

---
2 次方程式の解法

2 次方程式 $ax^2 + bx + c = 0$ は次のいずれかの方法により，解くことが可能．
($ax^2 + bx + c$ を簡単に因数分解できる場合)
$$ax^2 + bx + c = (\alpha x - \beta)(\gamma x - \delta) = 0 \iff x = \frac{\beta}{\alpha}, \frac{\delta}{\gamma}$$

($ax^2 + bx + c$ を簡単には因数分解できない場合)
$$x^2 + \frac{b}{a}x + \frac{c}{a} = 0 \xleftrightarrow{\text{平方完成}} \left(x + \frac{b}{2a}\right)^2 = \boxed{\text{定数}} \xleftrightarrow{(\text{操作3})} x + \frac{b}{2a} = \pm\sqrt{\boxed{\text{定数}}}$$

---

[6] 「移項」の操作は操作 1 と本質的に同じである．なぜなら，たとえば方程式 $A + a = B$ に対して両辺に $-a$ を足せば $A = B - a$ (a を右辺に移項) となるからである．

[7] 方程式の両辺を実数 k で割るときには，$\frac{1}{k}$ を両辺に掛ければよい（操作2）．

[8] 正の実数の n 乗根は，複素数の範囲では n 個存在するが，そのうち実数となるのは，n が奇数のとき 1 個で，n が偶数のとき 2 個である．本節の「累乗根」の項も参照のこと．本書では複素数を含む計算を取り扱わない．

[9] 未知数が 1 つだけの場合，複素数を係数とする n 次方程式には，n 個の複素数の解が存在すること（**代数学の基本定理** (fundamental theorem of algebra)）が知られている．

[10] $a \neq 0$ のとき，この等式は 1 次方程式となる．

例 5.9 （需要と利潤）あなたはあるカレー屋のオーナーで，1 皿 p 円（ただし $0 \leqq p \leqq 1000$）で販売するとき，1 日当たり $D = 500 - \frac{1}{2}p$（皿）の需要があることを知っている．また，1 皿を作る費用は人件費を含めて 400 円である．1 皿 p 円で販売するとき，カレー屋の 1 日当たりの利潤は

$$p \times D - 400 \times D = -\frac{1}{2}p^2 + 700p - 200000 \quad (0 \leqq p \leqq 1000)$$

となる．たとえば，利潤が 1 日当たり 25000 円になるようにするには，2 次方程式

$$-\frac{1}{2}p^2 + 700p - 200000 = 25000 \quad (0 \leqq p \leqq 1000)$$

を満たす p の値を求め，その価格に設定すればよい．

例 5.10 2 次方程式 $6x^2 - x - 2 = 0$ の解を求める．

① $6x^2 - x - 2 = 0$

```
2       1  →   3
 ╲     ╱
  ╲   ╱
3       −2 →  −4
─────────────────
6       −2    −1
```

② $(2x+1)(3x-2) = 0$
∴ $2x + 1 = 0$ または $3x - 2 = 0$

③ $\boxed{x = -\frac{1}{2}, \frac{2}{3}}$

① 2 次式を，たすき掛けを使って因数分解する．
② $A \cdot B = 0$ のとき，$A = 0$ または $B = 0$ である．
2 つの 1 次方程式をそれぞれ解く．
③ 2 次方程式の解が得られた．
（2 つの異なる実数解）

問 5.9* 例 5.9 の 2 次方程式を解け．

問 5.10 次の 2 次方程式を解け．

(1) $x^2 - 2x - 15 = 0$ (2) $x^2 - 64 = 0$ (3) $2x^2 + 7x + 3 = 0$
(4) $6x^2 + x - 1 = 0$ (5) $4x^2 + 4x + 1 = 0$ (6) $x^2 + \frac{x}{2} - 3 = 0$

問 5.11* 方程式 $(x^2 + 6x + 10)^2 - 4(x^2 + 6x + 10) + 4 = 0$ を満たす x の値をすべて求めよ．

例 5.11 2 次方程式 $4x^2 - 27 = 0$ の解を求める．

① $4x^2 - 27 = 0$ $\quad +27$
$4x^2 = 27$ $\quad \times \frac{1}{4}$
$x^2 = \frac{27}{4}$ $\quad \pm\sqrt{}$

② $\boxed{x = \pm\frac{3\sqrt{3}}{2}}$

① 方程式を整理した後，平方根をとる．
② 2 次方程式の解が得られた．
（2 つの異なる実数解）

例 5.11 のように，1 次の項がない 2 次方程式は平方根をとること（操作 3）により解を簡単に求められる．

$$ax^2 + c = 0 \iff x^2 = -\frac{c}{a} \xrightarrow{\pm\sqrt{}} \boxed{x = \pm\sqrt{-\frac{c}{a}}}$$

問 5.12 次の 2 次方程式を解け．

(1) $x^2 - 64 = 0$ (2) $6x^2 - 15 = 0$ (3) $(x-1)^2 = 2$ (4) $2(x+1)^2 - 6 = 0$

簡単に因数分解できない場合や，1次の項がある場合は，（xに関する）平方完成[11]

$$x^2 + Ax = \left(x + \frac{A}{2}\right)^2 - \left(\frac{A}{2}\right)^2$$

を行うことで2次方程式の解を求めることができる．

例 5.12 2次方程式 $x^2 + 3x + 1 = 0$ の解を求める．

① $x^2 + \dfrac{3}{2} \cdot 2x + 1 = 0$

② $\left(x + \dfrac{3}{2}\right)^2 - \left(\dfrac{3}{2}\right)^2 + 1 = 0 \qquad \left(\dfrac{3}{2}\right)^2 - 1$

③ $\left(x + \dfrac{3}{2}\right)^2 = \left(\dfrac{3}{2}\right)^2 - 1$

$\left(x + \dfrac{3}{2}\right)^2 = \dfrac{5}{4} \qquad\qquad \pm\sqrt{}$

④ $x + \dfrac{3}{2} = \pm\sqrt{\dfrac{5}{4}} = \pm\dfrac{\sqrt{5}}{2}$

⑤ $\boxed{x = \dfrac{-3 \pm \sqrt{5}}{2}}$

① $\dfrac{x の係数}{2} = \dfrac{3}{2}$ に着目し，平方完成する．

② 両辺に $\left(\dfrac{x の係数}{2}\right)^2 - 1 = \left(\dfrac{3}{2}\right)^2 - 1$ を足す．

③ 右辺を整理し，平方根をとる．

④ 数式を整理し，x について解く．

⑤ 2次方程式の解が得られた．
（2つの異なる実数解）

問 5.13 次の方程式を<u>平方完成することで</u>解け．

(1) $x^2 - 2x - 5 = 0$　　(2) $3x^2 - 8x - 4 = 0$　　(3) $2x^2 - 4\sqrt{3}x + 6 = 0$　　(4) $x + 1 - \dfrac{1}{x} = 0$

問 5.14 2次方程式 $ax^2 + bx + c = 0 \,(a \neq 0)$ を<u>平方完成することで</u>解け[12]．

問 5.15* 方程式 $(x^2 + 2x - 5)^2 + 6(x^2 + 2x - 5) + 9 = 0$ を満たす x の値をすべて求めよ．

問 5.16 次の値を求めよ．

(1) $1 + \cfrac{1}{1 + \cfrac{1}{1 + \cfrac{1}{1 + \cfrac{1}{1 + \cdots}}}}$

(2) $\sqrt{1 + \sqrt{1 + \sqrt{1 + \sqrt{1 + \cdots}}}}$

---

[11] すなわち，この等式の左辺から右辺への変形を平方完成という．この等式は，展開式 $\left(x + \dfrac{A}{2}\right)^2 = x^2 + Ax + \left(\dfrac{A}{2}\right)^2$ から即座に得られる．

[12] これはいわゆる，2次方程式の解の公式の証明である．3次方程式と4次方程式に対しても解の公式が知られているが，5次以上の方程式については，方程式の係数を使って代数的に（すなわち，方程式の係数に加減乗除と累乗根の演算を有限回施して）解を書き表す一般の公式は存在しないことが，19世紀にアーベル（Niels Henrik Abel, 1802-1829, ノルウェーの数学者）やガロア（Evariste Galois, 1811-1832, フランスの数学者）によって証明された．

♮6 連立1次方程式・連立1次不等式

❏ 連立方程式（Systems of Equations）

2つ以上の方程式があって，すべての方程式を同時に満たす解を調べるとき，これらの方程式を一式と考えて，**連立方程式**（system of equations）といい，すべての方程式を同時に満たす解を（連立方程式の）**解**（solution）という．

連立方程式を解く上での基本的な考え方

各方程式を「代数的操作」しながら相互に足し引きすることを繰り返して，解に近づける．

$$\text{連立方程式}\begin{cases}(\text{方程式1})\\(\text{方程式2})\\\cdots\end{cases}\longrightarrow\begin{cases}(\text{簡易化された方程式1})\\(\text{簡易化された方程式2})\\\cdots\end{cases}$$

例 6.1
$$\begin{cases}a_1x+b_1=0\\a_2x+b_2=0,\end{cases}\quad\begin{cases}a_1x+b_1y+c_1=0\\a_2x+b_2y+c_2=0,\end{cases}\quad\begin{cases}a_1x\;+b_1y^2+c_1z^3+d_1w^4+e_1=0\\a_2x^3+b_2y^3+c_2z^3+d_2w^3+e_2=0\\a_3x^2+b_3y\;+c_3z^3+d_3w\;+e_3=0\end{cases}$$

はそれぞれ連立方程式である．

❏ 連立1次方程式（Systems of Linear Equations）

1次方程式からなる連立方程式を**連立1次方程式**（system of linear equations）という．

例 6.2 （需要と供給）あなたはある八百屋のオーナーで，りんご1個 p 円（ただし $0\leqq p\leqq 200$）で販売するとき，$S=\dfrac{4}{5}p-30$（個）売りたいと考えているが，実際には，$D=100-\dfrac{1}{2}p$（個）売れることが過去の販売実績からわかっている[1]．このとき，需要量 D と供給量 S が同じになる価格 p は[2]，次の連立1次方程式を解けばわかる．

$$\begin{cases}D=S\\D=100-\dfrac{1}{2}p\\S=\dfrac{4}{5}p-30\end{cases}\text{より，}\quad\begin{cases}D=100-\dfrac{1}{2}p\\D=\dfrac{4}{5}p-30\end{cases}$$

連立1次方程式の解をすべて求める手法として，ガウス[3]の**消去法**（Gaussian elimination）がある．消去法では，次に述べる2つの基本変形を使うことによってパズルのように文字を1つずつ消去し，解を求める．

---
[1] ある財の価格 p が変動すれば需要量 D と供給量 S も変化する．
[2] 需要量と供給量が一致する価格を**均衡価格**（equilibrium price）という．
[3] Carl Friedrich Gauss, 1777-1855.「♮4 数の世界の広がり」も参照のこと．

ガウスの消去法

連立 1 次方程式は，次の 2 つの変形を有限回繰り返すことで解ける．
（基本変形その 1）ある方程式の両辺を定数倍（k 倍）する

$$\begin{cases} A = B \\ C = D \\ \cdots \end{cases} \times k \longrightarrow \begin{cases} A = B \\ kC = kD \\ \cdots \end{cases}$$

（基本変形その 2）ある方程式の両辺を定数倍（k 倍）したものを別の方程式に足す

$$\begin{cases} A = B \\ C = D \\ \cdots \end{cases} \overset{k}{\underset{+}{\longrightarrow}} \longrightarrow \begin{cases} A = B \quad (\leftarrow k \text{ 倍する前の状態を維持}) \\ C + kA = D + kB \\ \cdots \end{cases}$$

例 6.3 連立 1 次方程式 $\begin{cases} x + 2y = 1 \\ 3x + 5y = 4 \end{cases}$ の解を求める．

① $\begin{cases} \mathbf{x + 2y = 1} \\ 3x + 5y = 4 \end{cases}$ (×(-3) を上の方程式に掛けて下に足す)

$\longrightarrow$ ② $\begin{cases} x + 2y = 1 \\ -y = 1 \end{cases} \times (-1)$

$\longrightarrow$ ③ $\begin{cases} x + 2y = 1 \\ y = -1 \end{cases}$ (×(-2) を下の方程式に掛けて上に足す)

$\longrightarrow$ ④ $\boxed{\begin{cases} x = 3 \\ y = -1 \end{cases}}$

① 上の方程式を -3 倍して下の方程式に足すと，下の方程式から $3x$ を消去できる．
② 下の方程式を -1 倍すると y の値が求められる．
③ 下の方程式を -2 倍して上の方程式に足すと，上の方程式から $2y$ を消去できる．
④ 連立 1 次方程式の解が得られた．

例 6.4 連立 1 次方程式 $\begin{cases} x + 2y - z = -1 \\ 3x + 5y - 2z = 0 \\ 4x - 3y - 7z = 1 \end{cases}$ の解を求める．

① $\begin{cases} \mathbf{x + 2y - z = -1} \\ 3x + 5y - 2z = 0 \\ 4x - 3y - 7z = 1 \end{cases}$

$\longrightarrow$ ② $\begin{cases} x + 2y - z = -1 \\ -y + z = 3 \\ -11y - 3z = 5 \end{cases}$

$\longrightarrow$ ③ $\begin{cases} x + y = 2 \\ -y + z = 3 \\ -14y = 14 \end{cases} \times \left(-\dfrac{1}{14}\right)$

$\longrightarrow$ ④ $\begin{cases} x + y = 2 \\ -y + z = 3 \\ y = -1 \end{cases}$

$\longrightarrow$ ⑤ $\boxed{\begin{cases} x = 3 \\ z = 2 \\ y = -1 \end{cases}}$

① 上の方程式を -3 倍して中の方程式に足すと，中の方程式から $3x$ を消去できる．
上の方程式を -4 倍して下の方程式に足すと，下の方程式から $4x$ を消去できる．
② 中の方程式を 1 倍して上の方程式に足すと，上の方程式から z を消去できる．
中の方程式を 3 倍して下の方程式に足すと，下の方程式から $-3z$ を消去できる．
③ 下の方程式を $-\dfrac{1}{14}$ 倍すると y の値が求められる．
④ 下の方程式を -1 倍して上の方程式に足すと，上の方程式から y を消去できる．
下の方程式を 1 倍して中の方程式に足すと，中の方程式から $-y$ を消去できる．
⑤ 連立 1 次方程式の解が得られた．

問 6.1 次の連立方程式を ガウスの消去法で 解け[4].

(1) $\begin{cases} 2x + 3y = 1 \\ 5x - 6y = 1 \end{cases}$

(2) $\begin{cases} x + 2y + z = 3 \\ 2x + 3y - z = -4 \\ 4x - y + 3z = 0 \end{cases}$

(3) $\begin{cases} 2x - y - 3z = 2 \\ 5x + 2y - 2z = 3 \\ 3x + 3y + 2z = -1 \end{cases}$

(4) $\begin{cases} x + 2y + 3z = 1 \\ 2x + 3y + z = -2 \\ 3x + y + 2z = 1 \end{cases}$

(5) $\begin{cases} -x + y + z + w = -2 \\ x - y + z + w = 1 \\ x + y - z + w = 2 \\ x + y + z - w = -1 \end{cases}$

(6) $\begin{cases} x + y + z + w = 1 \\ 2x + 3y + 4z + 5w = 1 \\ 2^2 x + 3^2 y + 4^2 z + 5^2 w = 1 \\ 2^3 x + 3^3 y + 4^3 z + 5^3 w = 1 \end{cases}$

❏ 不等式（Inequalities）

A, B がいくつかの未知数 $x, y, \cdots$ を含む（実数係数の）数式であるとき，不等号を含む式 $A > B$（または $A < B$, $A \geqq B$, $A \leqq B$）を **不等式**（**inequality**）といい，不等式を満たす 実数（または数式）の組 $(x, y, \cdots)$ をすべて集めた集合を（不等式の）**解**（**solution**）という．不等式に対して，次の操作が可能である．

不等式に対する代数的操作（$A < B$, $A \geqq B$, $A \leqq B$ の場合も同様）[5]

（操作 1）不等式の両辺に同じ実数（k）を足したり引いたりする[6]
$$A > B \;\; \xrightarrow{\pm k} \;\; A \pm k > B \pm k$$

（操作 2）不等式の両辺を正の実数倍（k 倍, $k > 0$）する[7]
$$A > B \;\; \xrightarrow{\times k} \;\; kA > kB$$

（操作 3）不等式の両辺を負の実数倍（$-k$ 倍, $k > 0$）する[7]
$$A > B \;\; \xrightarrow{\times (-k)} \;\; -kA < -kB$$

A, B を整式とする．このとき，$A - B$ が n 次式となる不等式 $A > B$（または $A < B$, $A \geqq B$, $A \leqq B$）を **n 次不等式**（**inequality of degree n**）という．

例 6.5 $a \neq 0$ のとき，$ax^2 + bx + c > 0$, $ax + by + c \leqq 0$, $bx + c \leqq dx^2 + ay^3 + e$, $ax^5 + bx^4 + cx^3 + dx^2 + ex + f < 0$ はそれぞれ 2 次，1 次，3 次，5 次の不等式である．

問 6.2 不等式 $ax + b > 0$（a, b は定数）を満たす x を求めよ[8].

---

[4] 未知数 $x, y, \cdots$ の個数が多いほど，ガウスの消去法はその威力を発揮する．ガウスの消去法における 2 つの基本変形は線形代数の一般論に由来しており，たとえばオペレーションズリサーチの分野においても活用されている．

[5] 実数直線上で考えるとこれらの操作の意味を想像しやすい．より厳密には，実数の全順序公理（すべての実数は大小順に一列に整列可能）にもとづく．

[6] 「移項」の操作は操作 1 と本質的に同じである．なぜなら，たとえば不等式 $A + a \geqq B$ に対して両辺に $-a$ を足せば $A \geqq B - a$（a を右辺に移項）となるからである．

[7] 不等式の両辺を実数 $k (\neq 0)$ で割るときには，逆数 $\dfrac{1}{k}$ 倍（操作 2, 3）すればよい．また，操作 3 では不等号の向きが逆になる（$>\leftrightarrow<$, $\geqq\leftrightarrow\leqq$）．

[8] $a \neq 0$ のとき，この不等式は 1 次不等式となる．

❑ 1次不等式（Linear Inequalities）

例 6.6　$a \neq 0$ のとき，$ax + b < 0, ax + by + c \geqq 0, ax + by + cz + d \leqq 0, ax + by + c > dy + e$
はそれぞれ 1 次不等式である．

問 6.3　次の 1 次不等式を解け．

(1) $5x - 10 \geqq 0$　　(2) $8 \geqq 3x + 5$　　(3) $x - 10 < 26 - 3x$　　(4) $\dfrac{4x+3}{4} > \dfrac{2x-1}{3} - 1$

問 6.4*　既約分数 $\dfrac{b}{a}$ の小数第 2 位以下を切り捨てると 1.5 となり，また，分母と分子の和は 70 であるという．この分数を求めよ．

❑ 連立不等式（Systems of Inequalities）

2 つ以上の不等式があって，すべての不等式を **同時に満たす** 解の範囲を調べるとき，これらの不等式を一式と考えて，**連立不等式**（system of inequalities）といい，すべての不等式を同時に満たす解の範囲を（連立不等式の）**解**（solution）という．

> **連立不等式を解く上での基本的な考え方**
>
> 連立不等式の解は，連立不等式を構成するすべての不等式の解たちの共通範囲である．
>
> 連立不等式 $\begin{cases} (\text{不等式 1}) \\ (\text{不等式 2}) \\ \cdots \end{cases} \longrightarrow \begin{cases} (\text{不等式 1 の解}) \\ (\text{不等式 2 の解}) \\ \cdots \end{cases} \longrightarrow$ 各不等式の解の表す範囲をそれぞれ図示し，共通する範囲が連立不等式の解である．

例 6.7　$\begin{cases} a_1 x + b_1 > 0 \\ a_2 x + b_2 < 0, \end{cases}$　$\begin{cases} a_1 x + b_1 y + c_1 \geqq 0 \\ a_2 x + b_2 y + c_2 \leqq 0 \\ a_3 x + b_3 y + c_3 > 0, \end{cases}$　$\begin{cases} a_1 x + b_1 y^2 + c_1 z^3 + d_1 w^4 + e_1 < 0 \\ a_2 x^3 + b_2 y^3 + c_2 z^3 + d_2 w^3 + e_2 \geqq 0 \\ a_3 x^2 + b_3 y + c_3 z^3 + d_3 w + e_3 < 0 \end{cases}$

はそれぞれ連立不等式である．

❑ 連立 1 次不等式（Systems of Linear Inequalities）

1 次不等式からなる連立不等式を **連立 1 次不等式**（system of linear inequalities）という．

例 6.8　（需要と供給—例 6.2 のつづき）りんごの需要量 D が，供給量 S よりも多く，供給量の 2 倍 $2S$ 以下になるような価格 p の範囲は，次の連立 1 次不等式を解けばわかる．

$$\begin{cases} D = 100 - \dfrac{1}{2}p \\ S = \dfrac{4}{5}p - 30, \end{cases} \quad \begin{cases} D > S \\ D \leqq 2S \end{cases} \text{より，} \quad \begin{cases} 100 - \dfrac{1}{2}p > \dfrac{4}{5}p - 30 \\ 100 - \dfrac{1}{2}p \leqq 2\left(\dfrac{4}{5}p - 30\right) \end{cases}$$

例 6.9 連立1次不等式 $\begin{cases} 3x + 10 > 4 \\ 2x + 3 \leqq 9 \end{cases}$ の解を求める.

① $\begin{cases} 3x + 10 > 4 \quad -10 \\ 2x + 3 \leqq 9 \quad -3 \end{cases}$

→ ② $\begin{cases} 3x > -6 \quad \times \dfrac{1}{3} \\ 2x \leqq 6 \quad \times \dfrac{1}{2} \end{cases}$

→ ③ $\begin{cases} x > -2 \\ x \leqq 3 \end{cases}$

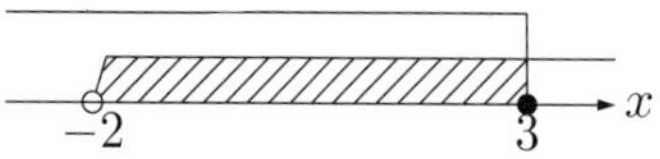

→ ④ $\boxed{-2 < x \leqq 3}$

① 上の不等式の両辺から 10 を引く.
下の不等式の両辺から 3 を引く.

② 上の不等式を $\dfrac{1}{3}$ 倍すると,（上の不等式に対する）x の範囲が求められる．下の不等式を $\dfrac{1}{2}$ 倍すると,（下の不等式に対する）x の範囲が求められる.

③ 2 つの解の共通する範囲を求める（図示）[9]．

④ 連立 1 次不等式の解が得られた.

問 6.5 次の連立 1 次不等式を解け.

(1) $\begin{cases} x - 3 < 1 \\ x + 8 \geqq 2(x + 1) \end{cases}$

(2) $\begin{cases} 6x - 1 > 2x + 4 \\ 3x + 5 \leqq 6x - 4 \end{cases}$

(3) $\begin{cases} 3x - 8 < 4 \\ x - 2 \leqq 3x + 4 \end{cases}$

(4) $\begin{cases} 5(x - 1) \leqq -(2x + 10) \\ \dfrac{1}{2} - \dfrac{x}{4} \geqq -\dfrac{x - 4}{7} \end{cases}$

問 6.6 次の不等式を解け.

(1) $(2x - 1)(3x + 5) < 0$

(2) $(2x - 1)(x + 1)(5x - 4) \geqq 0$

問 6.7 不等式 $(x - a_1)(x - a_2) \cdots (x - a_n) > 0$ を解け．ただし，$a_1 \leqq a_2 \leqq \cdots \leqq a_n$ とする.

---

[9] 黒い点 ● はその点を含むことを，中を塗りつぶさない点 ○ はその点を含まないことを意味する.

II 関数
Functions

関数とグラフ

❏ 変数の範囲（Range of Variables）

変数は，複数の具体的な数を 1 つの型（文字）に集約した「数」[1]であると解釈できる．

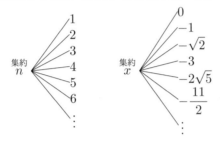

変数を用いる利点は，多くの具体的な数を 1 つに集約してまとめて扱える点にある．たとえば具体的な数 $1, 2, 3, 4, 5, \cdots$ について 4 乗の計算 $1^4, 2^4, 3^4, 4^4, 5^4, \cdots$ を個別に考えるよりも，$1, 2, 3, 4, 5, \cdots$ を 1 つの変数 n で集約して数式 n^4 を考える方が簡潔であり，その意味も明確になる．

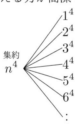

さらに，変数 n を数 $1, 2, 3, \cdots$ に置き換える（**代入する（substitute）**）ことにより，もとの具体的な数式 $1^4, 2^4, 3^4, \cdots$ がすべて復元できる点も都合がよい．

また，変数を扱うときには，変数のとる数（値）の範囲を定める必要がある．上の例の場合，変数 n の範囲は $1, 2, 3, \cdots$，すなわち自然数全体の範囲である．これを実数全体に広げると，$n = \dfrac{1}{2}, \sqrt{2}$ といった数も扱える．変数の範囲を目的や状況に応じて広げたり狭くしたりすることで，物事の構造や現象の挙動を多角的に眺められるようになる[2]．

❏ 集合（Sets）

明確に範囲の決められたものの集まりを**集合（set）**といい[3]，集合に含まれている個々のものを**要素または元（element）**という．また，$a, b, c, \cdots$ からなる集合を $\{a, b, c, \cdots\}$ と書き，ある条件 $C(x)$ を満たす x の全体からなる集合を $\{x \mid C(x)\}$ と書く．とくに，実数全体の集合を記号 $\mathbb{R}$ で表す．すなわち，$\mathbb{R} = \{x \mid x \text{ は実数である}\}$ である．

---

[1] 数，と書いた理由は，変数をあたかも通常の数のように取り扱えるからである．
[2] 変数を有する対象について，実数だけではなく，複素数全体の集合 $\mathbb{C}$，有限体 $\mathbb{F}_q$，p-進体 $\mathbb{Q}_p$ といった様々な数の集合の文脈で考察することで，その対象を深く理解できる．
[3] たとえば，「小さい数の集まり」は不明確であるので集合とは言えない．

❑ 関数 (Functions)

実数からなる集合 A の各元に対して1つずつ実数が定まる規則 f を**関数** (function) [4]といい[5],記号

$$f : A \longrightarrow \mathbb{R}$$

で表す.また,集合 A の元 x に対して関数 f から定まる実数を記号 $f(x)$ で表し,これを x における**関数 f の値** (value) という.関数 f によって x が y に対応するとき,記号

$$x \overset{f}{\longmapsto} y \quad \text{または} \quad x \longmapsto y \quad \text{または} \quad y = f(x)$$

で表す[6]. x と y の関係式 $y = f(x)$ そのものを関数と呼ぶこともある.集合 $A, \mathbb{R}$ の元を代表する文字 x, y を**変数** (variable) という.

例 1.1 $f(x) = 1$ で定まる関数 f は,どのような x の値に対しても定数 1 を値とする関数であり,たんに数式 $y = 1$ で表すこともある.

$$f : \mathbb{R} \longrightarrow \mathbb{R}$$
$$x \longmapsto 1$$

例 1.2 $f(x) = 2x - 1$ で定まる関数 f は, x の値を 2 倍して 1 を引いた数を関数の値とする関数であり,たんに x と y の関係式 $y = 2x - 1$ で表すこともある.

$$f : \mathbb{R} \longrightarrow \mathbb{R}$$
$$x \longmapsto 2x - 1$$

例 1.3 (消費税)
ある国の消費税は 10 % であるという.このとき

$$(\text{税込価格}) = (\text{税抜価格}) \times 1.1$$

となり,これは次の関数を表す関係式と見なせる.

$$f : \{x \mid x \text{ は } 0 \text{ 以上の実数}\} \longrightarrow \mathbb{R}$$
$$(\text{税抜価格}) \longmapsto (\text{税抜価格}) \times 1.1$$

例 1.4 (人数と総費用)
ある動物園の入園料は 2300 円であり,園内を巡回するバスの料金は 1000 円であるという.グループでこの動物園に入ってバスを利用したときの総費用は

$$(\text{総費用}) = 2300 \times (\text{人数}) + 1000 \times (\text{人数}) \quad (= 3300 \times (\text{人数}))$$

となり,これは次の関数を表す関係式と見なせる.

$$f : \{1, 2, 3, \cdots\} \longrightarrow \mathbb{R}$$
$$(\text{人数}) \longmapsto 3300 \times (\text{人数})$$

---

[4] 17 世紀に数学界で活躍したライプニッツ (Gottfried Wilhelm Leibniz, 1646-1716, ドイツ出身.微分積分学の創始者の1人) によって導入された用語 "function" が中国に流入して「函数」と訳され,それが日本に伝わって「関数」となった.日本では,戦後に当用漢字から「函」の字が省かれたため,代わりに「関」が使われるようになった.

[5] 1つの x の値に対して複数の値が対応する,**多価関数** (multivalued function) という概念もある.本書で取り扱う関数は**一価関数** (single-valued function) である.一般には,元が実数とは限らない集合 A や,複素数の値をとる関数 $f : A \to \mathbb{C}$ ($\mathbb{C}$ は複素数全体の集合) を考えることもある.

[6] f, x, y 以外の文字を採用しても構わない.

例 1.5 （消費と所得）

経済学において，所得が増加すると消費も増加するという傾向が知られている．たとえば次の式は，ある地域の居住者の所得と消費の関係を表している．

$$（消費） = 0.85 \times （所得） + 50$$

これは次の関数を表す関係式と見なせる．

$$f : \{（所得）\mid （所得）は 0 以上の実数\} \longrightarrow \mathbb{R}$$
$$（所得） \longmapsto 0.85 \times （所得） + 50$$

例 1.6 （記号 $f(x)$ を理解する）

$f(x) = 5x - 2$ のとき[7]

$$f(-2) = 5 \times (-2) - 2 = -12$$
$$f(a) = 5a - 2$$
$$f(a+h) = 5(a+h) - 2 = 5a + 5h - 2$$
$$f(x+1) = 5(x+1) - 2 = 5x + 3$$

問 1.1 例 1.3 から例 1.5 について，次の問に答えよ．
(1) それぞれの関数を文字 x, y を用いて関係式 $y = f(x)$ の形で表せ．
(2) (1) で表した各関係式に対して，x の具体的な値を適当に決めて，その値における関数の値を求めよ．

問 1.2 次の各問について，関数 f を表す関係式を求めよ．
(1) あるレストランでは，食事の代金に加えて 8％のサービス料が必要である．食事の代金を p，支払代金を q とするとき，$q = f(p)$ と書ける．
(2) 周の長さが 20 m である長方形の縦の長さを h m，横の長さを w m とすると，$h = f(w)$ と書ける．
(3) ある商品の売価が 0 円のとき 100 個の需要があり，売価を 10 円ずつ値上げするごとに 5 個ずつ需要が減っていくという．売価を p 円，需要を d 個とするとき，$d = f(p)$ と書ける．

問 1.3 関数 $f : \mathbb{R} \to \mathbb{R}$ が $f(x) = 3x^2 - x$ で与えられるとき，$f(2x)$, $f(1+h)$, $f(x+h)$ をそれぞれ計算せよ．

問 1.4 関数 $f : \mathbb{R} \to \mathbb{R}$ が $f(x) = ax + b$ で与えられ，$f(f(f(x))) = -8x + 9$ となるとき[8]，定数 a, b の値を求めよ．

問 1.5 2 つの関数 $f, g : \mathbb{R} \to \mathbb{R}$ が $f(x) = 3x - 2$, $g(x) = ax + b$ (a, b は定数) で与えられ，$f(g(x)) = g(f(x))$ となるとき[7]，$g(1) = 1$ であることを示せ．

---

[7] $f(\square) = 5\square - 2$ （□ は数式を入れる箱）と解釈すれば，いくらか考えやすいかもしれない．「函数」の「函」に，「箱，包み入れる，ふくむ」の意味があることを思えば，関（函）数という訳語が馴染みやすいのではなかろうか．

[8] 一般に，2 つの関数 $f : A \to \mathbb{R}, g : B \to \mathbb{R}$ に対して，関数 f の値がすべて集合 B に含まれるとき，値が $g(f(x))$ で定まる関数を考えることができる．この関数を f と g との合成関数 (composite function) といい，記号 $g \circ f : A \to \mathbb{R}$ で表す．

❏ 座標平面とグラフ（Coordinate Planes and Graphs）

各点が実数の値を表す次の直線を**実数直線**（real line），点 0 を**原点**（origin）という．

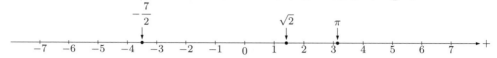

原点 O で直交する 2 つの**座標軸**（coordinate axis）（x 軸と y 軸）[9]）を定めた平面を**座標平面**（coordinate plane）という．座標平面上の点は実数の組 (x, y) と同一視され[10]，この組を点の**座標**（coordinate）という．とくに，原点 O の座標は $(0, 0)$ である．

例 1.7 右図の点 A, B, C, D の座標は，それぞれ $(1, 1), (-3, 2), \left(-\sqrt{2}, -\dfrac{5}{2}\right), (\pi, 0)$ である．

関数 $y = f(x)$ について，x の値 a を変化させたときに座標平面上の点 $(a, f(a))$ がたどる軌跡（図形）を，関数 $y = f(x)$ の**グラフ**（graph）といい，$y = f(x)$ をグラフの方程式という．

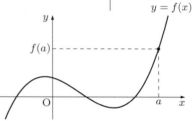

問 1.6 関数 $y = x^3 - 3x$ について，次の問に答えよ．

(1) 次の表に適する y の値を計算し，<u>小数</u> で表せ．

x	-2	$-\sqrt{3}$	-1	-0.5	0	0.5	1	$\sqrt{3}$	2
y									

(2) (1) の表を使ってグラフの概形をかけ． (3) 関数 $y = (-x)^3 - 3(-x)$ のグラフの概形をかけ．

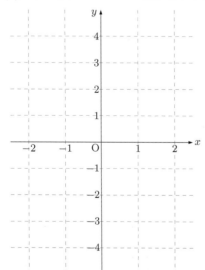
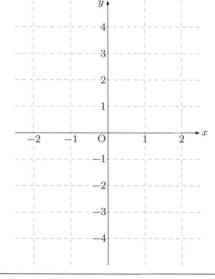

---

[8]) x 軸と y 軸のそれぞれを実数直線と見なす．これらの軸は，平面上の点の位置を縦横の方向で測定する尺度であると解釈できる．

[9]) 幾何（図形）と代数（数）を対応づけるという発想は，遠くギリシャの昔に見ることもできるが，この現代的基礎は，フェルマー（Pierre de Fermat, 1601-1665, フランスの弁護士だが余暇に数学研究を行った）とデカルト（René Descartes, 1596-1650, フランスの哲学者兼数学者）が開拓した解析幾何学に端緒がある．

❏ 定義域と値域（Domain and Range）

関数 $f: A \to \mathbb{R}$ について，集合 A を関数 f の**定義域**（**domain**）といい，関数の値の集合 $\{f(a) \mid a$ は A の元である $\}$ を関数 f の**値域**（**range**）という[11]．

例 1.8 実例においては，定義域を目的の範囲に絞った関数を考えることが多い．

(1) 関数 $y = 1.1x$ について，定義域を $x \geqq 100$ とすると，例 1.3 では，値段が 100 円以上のものを考えていることになる．このとき，値域は $y \geqq 110$ となる．

(2) 関数 $y = 3300x$ について，定義域を $\mathbb{N} = \{1, 2, 3, \cdots\}$（自然数全体の集合）とすると，例 1.4 では，人数が $1, 2, 3, \cdots$ 人の場合を考えていることになる．このとき，値域は $\{3300, 6600, 9900, \cdots\}$ となる．

(3) 関数 $y = 0.85x + 50$ について，定義域を $10000 \leqq x < 30000$ とすると，例 1.5 では，所得が 10000 以上，30000 未満の場合を考えていることになる．このとき，値域は $8550 \leqq y < 25550$ となる．

(4) 周の長さが 20 m である長方形の縦の長さを x m，横の長さを y m とすると，$y = 10 - x$ となるので，y は x の関数である．この関数の定義域は $0 < x < 10$ で[12]，値域は $0 < y < 10$ である．

関数 $y = f(x)$ について，<u>定義域が明示されていない場合</u>には，関数の値 $f(a)$ が定まる x の値 a を<u>すべて</u>集めた集合（範囲）[13] を定義域と見なす．

例 1.9 定義域が明示されていない場合の例．

(1) 関数 $y = 2x + 1$ について，x がどのような実数の値 a をとっても，y の値 $2a + 1$ が定まる（計算可能な）ので，定義域は実数全体となる．

(2) 関数 $y = \dfrac{1}{x}$ について，$y = \dfrac{1}{x}$ の値が定まらない（計算不可能となる）x の値は 0 のみである．したがって，定義域は 0 を除いた実数全体となる．

問 1.7 次の関数の定義域を求めよ．

(1) $y = x^2 - 3$ （2) $y = \dfrac{1}{x - 2}$ （3) $y = \sqrt{x}$

---

[11] 値域は，定義域に対して関数がとる値の範囲である．したがって，定義域が変われば値域も変わる．
[12] x は長方形の縦の長さであるから，正であり，$x + x = 2x$ は周の長さ 20 を超えることはない．
[13] 言い換えると，$y (= f(x))$ の値が計算不可能となる x の値を，実数全体から取り除いた範囲である．

♯2 定値関数・1次関数・2次関数

❑ 1次関数と定値関数 (Linear Functions and Constant Functions)

変数の1次式で値が得られる関数
$$f : A \longrightarrow \mathbb{R}$$
$$x \longmapsto ax + b$$

すなわち，関数
$$y = ax + b \quad (a, b \text{ は定数}, a \neq 0, \text{定義域}: A)$$

を **1次関数 (linear function)** という．このグラフは，点 $(0, b)$ を通り，傾きが a の直線 である [1]．

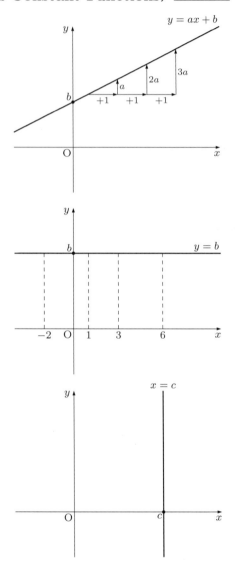

$y = ax + b$ において，傾き a が 0 のときの関数
$$f : A \longrightarrow \mathbb{R}$$
$$x \longmapsto b$$

すなわち，関数
$$y = b \quad (b \text{ は定数}, \text{定義域}: A)$$

を **定値関数 (constant function)** という [2]．このグラフは，点 $(0, b)$ を通り，x 軸に平行な直線 である．とくに，x 軸の方程式は $y = 0$ で表される．

y 軸に平行な直線は ある関数 $y = f(x)$ のグラフ にはならない．この直線と x 軸との交点が $(c, 0)$ のとき，直線上の任意の点の x 座標の値は一定値 c になるので，直線の方程式は
$$x = c$$

で表される．とくに，y 軸の方程式は $x = 0$ で表される．

問 2.1 次の関数のグラフの概形をかけ．さらに，値域を求めよ．

(1) $y = 2x - 1 \quad (0 \leqq x \leqq 1)$

(2) $y = -x + 1 \quad (-2 < x \leqq 2)$

(3) $y = 1 \quad (-1 \leqq x < 2)$

(4) $y = \begin{cases} -x & (-1 < x \leqq 0) \\ x & (0 < x \leqq 1) \end{cases}$

---

[1] $y = ax + b \, (a = 0 \text{ も可})$ の **傾き (slope)** とは，x の係数 a のこと，すなわち x の値が 1 だけ増えたときの y の値の変化量のことである．傾きは，y の値の変化量 $f(x_2) - f(x_1)$ を x の値の変化量 $x_2 - x_1$ で割った比率に等しい．

[2] $y = b$ に x の値を代入する場所はないが，この関数は各 x の値を一定値 b に対応 $(x \mapsto b)$ させることに注意されたい．

❏ 2次関数（Quadratic Functions）

変数の2次式で値が得られる関数

$$f : A \longrightarrow \mathbb{R}$$
$$x \longmapsto ax^2 + bx + c$$

すなわち，関数

$$y = ax^2 + bx + c \quad (a, b, c \text{ は定数}, a \neq 0, \text{定義域}: A)$$

を **2次関数**（**quadratic function**）という．

例 2.1 （価格と利潤）

あなたはあるカレー屋のオーナーで，1皿 p 円（ただし $0 \leqq p \leqq 1000$）で販売するとき，1日当たり $D(p) = 500 - \dfrac{1}{2}p$（皿）売れることが過去の販売実績からわかっている[3]．また，カレー1皿を作る費用は人件費を含めて 400 円である．このとき，カレー屋の1日当たりの利潤 q を価格 p の式で表すと

$$q = p \times D(p) - 400 \times D(p) = -\frac{1}{2}p^2 + 700p - 200000 \quad (0 \leqq p \leqq 1000).$$

となり，これは，価格 p に対して利潤 q の値をとる2次関数である．

❏ $y = ax^2$ のグラフ（Graph of the Function $y = ax^2$）

2次関数 $y = ax^2$ $(a \neq 0)$ について，いくつかの x の値に対応する y の値を求める．

x	$-\sqrt{5}$	-2	$-\sqrt{2}$	-1	0	1	$\sqrt{2}$	2	$\sqrt{5}$
y	$5a$	$4a$	$2a$	a	0	a	$2a$	$4a$	$5a$

$\sqrt{2} = 1.41421356\cdots$
$\sqrt{5} = 2.23606797\cdots$

これより，定数 a が正のとき $y \geqq 0$，負のとき $y \leqq 0$ となり，さらに y 軸対称の点をとれることがわかる．グラフは次のようになる[4]．

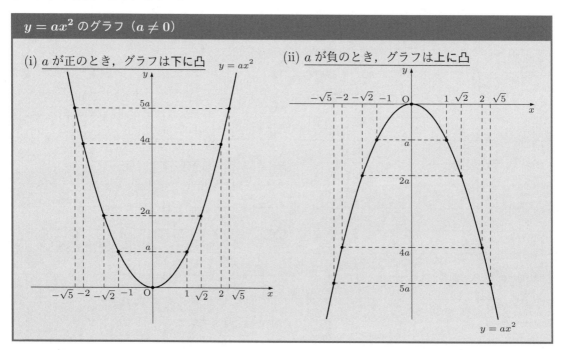

$y = ax^2$ のグラフ $(a \neq 0)$

(i) a が正のとき，グラフは下に凸

(ii) a が負のとき，グラフは上に凸

---

[3] 消費者がどの価格のときにどれだけの数量の財を購入するかを表す関数を**需要関数**（**demand function**）という．

[4] 2次関数のグラフの形をした曲線を**放物線**（**parabola**）という．空中に投げられた物体が描く軌跡は2次関数のグラフの形になることが知られており，これがその名称の由来である．

問 2.2 次の関数について，表に適する y の値を求め，グラフの概形をかけ．

(1) $y = x^2$

x	-3	-2	-1	0	1	2	3
y				0			

(2) $y = \dfrac{1}{2}x^2$

x	-3	-2	-1	0	1	2	3
y				0			

(3) $y = -x^2$

x	-3	-2	-1	0	1	2	3
y				0			

(4) $y = -\dfrac{1}{2}x^2$

x	-3	-2	-1	0	1	2	3
y				0			

問 2.3 問 2.2 について，関数 (1) が (2)(3)(4) とそれぞれどのように関係するかを説明せよ．

❏ $y = a(x-p)^2 + q$ のグラフ（Graph of the Function $y = a(x-p)^2 + q$）

次の表は，3 つの 2 次関数について，x の値を変化させたときの y の値を調べた表である．

x	-2	-1	0	1	2	3	4
$y = x^2$	4	1	0	1	4	9	16
$y = (x-2)^2$	16	9	4	1	0	1	4
$y = (x-2)^2 + 3$	19	12	7	4	3	4	7

この表を観察すると次の規則がわかる．

(i) $y = x^2$ 上の点 (s, t) について，<u>x 座標の値 s に 2 を加えた点 $(s+2, t)$ は，$y = (x-2)^2$ 上の点になる</u>．したがって，$y = x^2$ のグラフを x 軸方向に 2 だけ**平行移動**したグラフは，$y = (x-2)^2$ のグラフになる．

(ii) $y = (x-2)^2$ 上の点 (s, t) について，<u>y 座標の値 t に 3 を加えた点 $(s, t+3)$ は，$y = (x-2)^2 + 3$ 上の点になる</u>．したがって，$y = (x-2)^2$ のグラフを y 軸方向へ 3 だけ**平行移動**したグラフは $y = (x-2)^2 + 3$ のグラフになる．

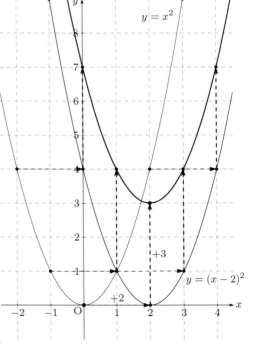

問 2.4 次の関数について，表に適する y の値を求め，グラフの概形をかけ．

(1) $y = (x-1)^2 + 2$

x	-2	-1	0	1	2	3	4
y				2			

$y = x^2$ のグラフを x 軸方向に □，y 軸方向に □，平行移動

(2) $y = -(x-1)^2 + 2$

x	-2	-1	0	1	2	3	4
y				2			

$y = -x^2$ のグラフを x 軸方向に □，y 軸方向に □，平行移動

(3) $y = (x+1)^2 - 2$

x	-4	-3	-2	-1	0	1	2
y				-2			

$y = x^2$ のグラフを x 軸方向に □，y 軸方向に □，平行移動

(4) $y = -(x+1)^2 - 2$

x	-4	-3	-2	-1	0	1	2
y				-2			

$y = -x^2$ のグラフを x 軸方向に □，y 軸方向に □，平行移動

より一般の場合も同様に考えると，次が成り立つことがわかる．

$y = a(x-p)^2 + q$ のグラフ（$a \neq 0$）

(i) 2次関数 $y = a(x-p)^2 + q$ のグラフは $y = ax^2$ のグラフを $\begin{cases} x \text{ 軸方向に } p \\ y \text{ 軸方向に } q \end{cases}$ 平行移動した曲線である．

(ii) a が正のとき下に凸，a が負のとき上に凸である（右図は a が正の場合）．

(iii) 直線 $x = p$ を**軸**，点 (p, q) を**頂点**という．

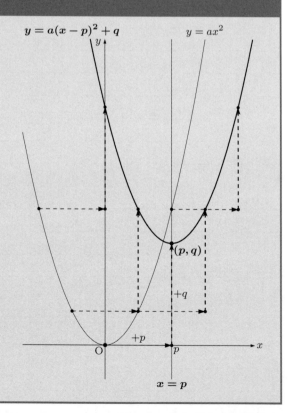

《グラフをかくためには次を調べればよい》

$\begin{cases} \text{軸の方程式}: x = p \\ \text{頂点の座標}: (p, q) \end{cases}$

を調べて，放物線 $y = ax^2$ を平行移動する．

例 2.2　2次関数 $y = -2(x-1)^2 + 1$ のグラフは $y = -2x^2$ のグラフを

$$\begin{cases} x \text{軸方向に } 1 \\ y \text{軸方向に } 1 \end{cases}$$

平行移動した曲線である[5]．

$$\begin{cases} \text{軸の方程式} : x = 1 \\ \text{頂点の座標} : (1, 1) \end{cases}$$

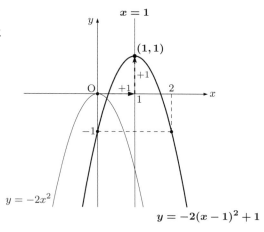

問 2.5　次の2次関数について，軸の方程式と頂点の座標を求めよ．さらに，グラフの概形をかけ．
(1) $y = 2x^2 - 1$
(2) $y = -(x-2)^2 - 1$
(3) $y = -3(x-1)^2$
(4) $y = 2(x+1)^2 + 3$

問 2.6　2次関数 $y = -2x^2$ のグラフを x 軸方向に -1，y 軸方向に 3，平行移動したグラフの方程式を求めよ．

❏ 2次関数の標準形（Canonical Form of a Quadratic Function）

一般の2次関数

$$y = ax^2 + bx + c$$

に対しては，右辺を平方完成して[6]，

$$y = a(x-p)^2 + q$$

の形に変形すれば，軸の方程式 $x = p$ と頂点の座標 (p, q) を読み取れる．変形後のこの方程式を **2次関数の標準形**（**canonical form of a quadratic function**）という[7]．

例 2.3　2次関数 $y = 3x^2 + 6x + 1$ について

$y = 3(x^2 + 2x) + 1$　　（定数項以外の項を 3 でくくる）
$ = 3\{(x+1)^2 - 1\} + 1$　　（平方完成する）
$ = 3(x+1)^2 - 2$　　（定数項を整理して標準形を得る）

よって，$\begin{cases} \text{軸の方程式} : x = -1 \\ \text{頂点の座標} : (-1, -2) \end{cases}$ である．

このグラフは $y = 3x^2$ のグラフを $\begin{cases} x \text{軸方向に } -1 \\ y \text{軸方向に } -2 \end{cases}$ 平行移動した曲線で，右図のようになる．

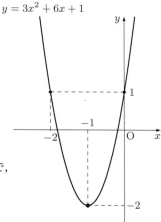

---

[5] まずは頂点をかき，x^2 の係数の符号から上に凸か下に凸かを判別する．そして，頂点とは異なる点（たとえば y 軸との交点）の座標を計算して点をかき，軸での対称性を利用しながらグラフをかく．
[6] 平方完成のしかたについては，「§5 累乗根・2次方程式」を参照のこと．
[7] 与えられた2次関数の関係式に対して，標準形は一意的に定まる．

問 2.7 次の 2 次関数を標準形に変形し，軸の方程式と頂点の座標を求めよ．さらに，グラフの概形をかけ．

(1) $y = x^2 - 4x + 3$
(2) $y = -x^2 - 6x - 7$
(3) $y = 2x^2 + 4x$
(4) $y = -3x^2 + 3x + 1$

❏ グラフの平行移動 (Translation of Graphs)

2 次関数に限らず，一般の関数に対して，次が成り立つ．

> **グラフの平行移動**
>
> 関数 $y = f(x)$ のグラフを $\begin{cases} x \text{ 軸方向に } p \\ y \text{ 軸方向に } q \end{cases}$ 平行移動した曲線は，関数 $y = f(x-p) + q$ のグラフである．

Proof. $y = f(x)$ 上の任意の点を (s, t) とすると $t = f(s)$ が成り立つ．この点を x 軸方向に p, y 軸方向に q, 平行移動した点は $(x, y) = (s+p, t+q)$ である．このとき, $(s, t) = (x - p, y - q)$ となるから, $t = f(s)$ に代入すると $y - q = f(x - p)$ が成り立つ．ゆえに平行移動後の関数の方程式は $y = f(x - p) + q$ になる． □

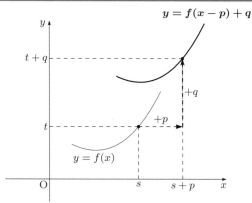

例 2.4 べき関数 (power function) $y = x^n$ (n は自然数) を $\begin{cases} x \text{ 軸方向に } p \\ y \text{ 軸方向に } q \end{cases}$ 平行移動した曲線の方程式は $y = (x - p)^n + q$ である ($f(x) = x^n$ と考えて平行移動すればよい)．

問 2.8 次の関数のグラフを $\begin{cases} x \text{ 軸方向に } -2 \\ y \text{ 軸方向に } -5 \end{cases}$ 平行移動した曲線の方程式を求めよ．

(1) $y = 3x$
(2) $y = 3x^5$
(3) $y = 3x^5 + 1$
(4) $y = 3(x-2)^5 + 1$
(5) $y = \sqrt{x}$
(6) $y = \dfrac{1}{x}$

問 2.9 次の ☐ に適する数式を記入せよ．

(1) 関数 $y = -2(x+1)^3 - 4$ のグラフは，関数 $y = -2x^3$ のグラフを x 軸方向に ☐, y 軸方向に ☐, 平行移動した曲線である．

(2) 関数 $y = 4(x-2)^3 - 3(x-2)^2 + (x-2)$ のグラフは，関数 $y = 4x^3 - 3x^2 + x$ のグラフを x 軸方向に ☐, 平行移動した曲線である．

問 2.10 関数 $y = f(x)$ のグラフを，直線 $x = a$ に関して対称に移動した曲線は，関数 $y = f(2a - x)$ のグラフとなることを証明せよ[8]．

[8) グラフの平行移動の証明を参考にせよ．

♯3 関数の最大値・最小値

❏ **関数の最大値・最小値（Maximum and Minimum Values of Functions）**

関数 $f: A \to \mathbb{R}$，すなわち，関数 $y = f(x)$ について，値域に含まれる y の値のうち，最も大きい値を関数 $y = f(x)$ の**最大値**（maximum value）といい，最も小さい値を**最小値**（minimum value）という．最大値や最小値は存在しない場合がある．

例 3.1 関数 [1] $y = 2x^3 + 3x^2 - 12x - 20$ の定義域 [2] を変えたときの様子 [3]：

定義域 $-3 \leqq x \leqq 3$ のとき，
値域は $-27 \leqq y \leqq 25$

定義域 $-3 \leqq x \leqq \dfrac{5}{2}$ のとき，
値域は $-27 \leqq y \leqq 0$

定義域 $-1 \leqq x < 1$ のとき，
値域は $-27 < y \leqq -7$

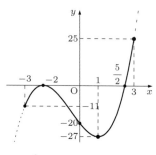
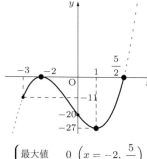
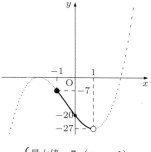

$\begin{cases} 最大値 \ \ 25 \ (x=3) \\ 最小値 \ -27 \ (x=1) \end{cases}$

$\begin{cases} 最大値 \ \ 0 \ \left(x=-2, \dfrac{5}{2}\right) \\ 最小値 \ -27 \ (x=1) \end{cases}$

$\begin{cases} 最大値 \ -7 \ (x=-1) \\ 最小値なし \end{cases}$

関数の最大値・最小値の基本的な考え方 [4]

関数 $y = f(x)$ のグラフ（関数の値の増減）がわかれば，最大値・最小値もわかる．

右図は，定義域 $a \leqq x \leqq b$ におけるある関数 $y = f(x)$ のグラフ．$x = c$ のとき最小値 $f(c)$，$x = d$ のとき最大値 $f(d)$ である．

一般に，最大値（または最小値）をとる点が2つ以上存在する場合もある．

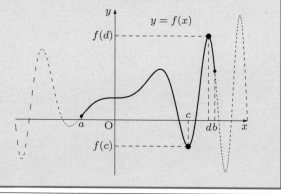

---

[1] 変数の 3 次式で値が得られる関数を **3 次関数**（cubic function）という．
[2] 元々の定義域は実数全体の集合 $\mathbb{R}$ である．「♯1 関数とグラフ」の定義域が明示されていない場合を参照せよ．
[3] この例から明らかなように，一般に，定義域の端点で最大値・最小値をとるとは限らない．
[4] ニュートン（Isaac Newton, 1642-1727, イングランド出身．数学や物理学で顕著な成果を収めた）とライプニッツ（Gottfried Wilhelm Leibniz, 1646-1716.「♯1 関数とグラフ」も参照のこと）の両者は，関数の増減（値の変化）の様子を詳しく調べられる**微分法**（differential calculus）と，関数のグラフで囲まれた領域の面積を決定する**積分法**（integral calculus）の創始者と評される．とくに微分法を使えば，様々な関数の最大値・最小値を求められる．（1 変数の）微分法では，グラフに現れる山頂や谷底の点を，グラフ上の各点での接線の傾きの符号が切り替わる点と解釈することによって，関数を表す数式から具体的に特定できる．

❑ 2次関数の最大値・最小値 (Maximum and Minimum Values of Quadratic Functions)

例 3.2 (価格と利潤—♯2 例 2.1 のつづき)
カレー1皿の価格 p に対して1日当たりの利潤 q の値をとる2次関数

$$q = p \times D(p) - 400 \times D(p) = -\frac{1}{2}p^2 + 700p - 200000 \quad (0 \leqq p \leqq 1000).$$

について，利潤 q が最大となる価格 p はいくらになるだろうか．

2次関数 $y = x^2 - 4x + 5$ において，最大値・最小値は次のようにして調べられる．
標準形に変形すると，$y = (x-2)^2 + 1$ となるのでグラフは右図のようになる．よって

$$\begin{cases} 最大値なし \\ 最小値 1 \quad (x = 2) \end{cases}$$

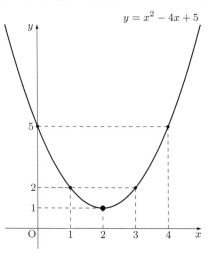

《別解—代数的な考え方》

x は実数の値をとるので，$(x-2)^2 \geqq 0$ が成り立つ[5]．これより $y = (x-2)^2 + 1 \geqq 1$ であり，等号は $x = 2$ のときに限り成り立つから，$x = 2$ のとき最小値 1 をとる．また，x が実数の範囲の値をとるとき，y の値はいくらでも大きくなるので，最大値なしになる．

例 3.3 2次関数 $y = -x^2 + 2x + 2$ $(-1 \leqq x \leqq 2)$ の最大値・最小値，およびそのときの x の値を求める．
標準形に変形すると

$$y = -(x-1)^2 + 3$$

定義域 $-1 \leqq x \leqq 2$ の範囲でグラフをかくと右図のようになる．よって

$$\begin{cases} 最大値 \ 3 \ (x = 1) \\ 最小値 \ -1 \ (x = -1) \end{cases}$$

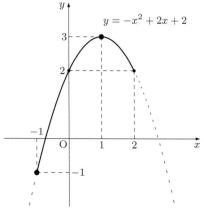

問 3.1 次の関数について，( ) 内の定義域における最大値と最小値を求めよ．さらに，そのときの x の値 ((4) については p の値) も求めよ．

(1) $y = x^2 - 4x + 2 \quad (0 \leqq x \leqq 3)$

(2) $y = -x^2 + 2x + 1 \quad (-2 \leqq x \leqq 2)$

(3) $y = 4x^2 - 8x \quad \left(\frac{1}{2} \leqq x \leqq 2\right)$

(4) $q = -\frac{1}{2}p^2 + 700p - 200000 \quad (0 \leqq p \leqq 1000)$

---

[5] 実数を2乗すると0以上の値になる，という性質が効いている．

問 3.2* 2次関数 $y = x^2 - 2ax + 2a\,(0 \leqq x \leqq 2)$ の最小値が -3 のとき，a の値を求めよ．

問 3.3 長さ 40 cm の針金を曲げて長方形を作るとき，面積を最大にするにはどうすればよいか．

問 3.4 あなたはカレー屋のオーナーで，別府市にカレー屋をオープンするかどうかを検討している．カレーの需要は 1 日当たり $D(p) = 500 - \frac{1}{2}p$（皿）（ただし $0 \leqq p \leqq 1000$）であるという．また，カレー 1 皿を作る費用は人件費を含めて 400 円であるとする．このとき，次の問に答えよ．

(1) カレー屋の 1 日当たりの利潤を q とする．このとき，利潤 q を価格 p の関数 $q = \Pi(p)$ として表せ．

(2) 利潤 q（儲け）を最大にするためにはカレー 1 皿をいくらで売ればよいだろうか．

(3) 1 皿 600 円で売る場合と 1 皿 800 円で売る場合をそれぞれ考えるとき，あなたならどちらの価格で販売するか．

(4) 上の費用の他に賃料として月々に 120 万円支払わなければならないとき，あなたはカレー屋をオープンすべきだろうか．

問 3.5 ある和菓子の販売会社では，新商品の本格的な販売を予定している．期間限定でこの新商品を販売したところ，次の調査結果が得られた．

(i) 単価を 200 円にすると，15000 個販売できる．
(ii) 単価を 1 円値上げすると，300 個販売量が減る．
(iii) 単価を 1 円値下げすると，300 個販売量が増える．

また，この商品を x 個販売するためには，次の費用 c が必要となる．
$$c = 200x + 12500$$
このとき，売上高が最大となる価格，および，利益が最大となる価格と販売量をそれぞれ求めよ．

♯4 直線の方程式

❏ 直線の方程式 (Equations of Lines)

傾き m, y 切片 n の直線[1] の方程式は
$$y = mx + n$$
で[2], とくに $m = 0$ のときは $y = n$ となり, x 軸に平行な直線を表す.

y 軸に平行な直線[3] の方程式は, x 軸との交点の x 座標を k とすると
$$x = k$$
で与えられる.

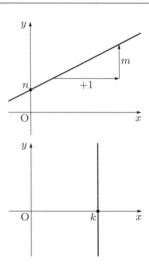

上の2つの方程式は, それぞれ次に変形できる.
$$mx + (-1)y + n = 0, \quad 1 \cdot x + 0 \cdot y + (-k) = 0$$
以上をまとめると, 直線は一般に x, y の1次方程式で表されることがわかる.

直線の方程式の一般形

$$ax + by + c = 0 \quad (a \neq 0 \text{ または } b \neq 0)$$

例 4.1

(1) $x + 2y - 2 = 0$ は, 変形すると $y = -\dfrac{1}{2}x + 1$ となるので, 傾き $-\dfrac{1}{2}$, y 切片 1 の直線の方程式である.

(2) $3x + 3 = 0$ は, 変形すると $x = -1$ となるので, x 軸上の点 $(-1, 0)$ を通り, y 軸に平行な直線の方程式である.

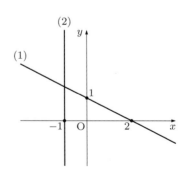

問 4.1 次の方程式の表す直線をかけ.

(1) $2x - 3y + 4 = 0$　　(2) $3x + 4 = 0$　　(3) $4y - 5 = 0$

---

[1] グラフの y 切片とは, グラフと y 軸の交点の, y 座標の値のことである.
[2] $m \neq 0$ のとき1次関数, $m = 0$ のとき定値関数の関係式となる.「♯2 定値関数・1次関数・2次関数」も参照のこと.
[3] すなわち, x 座標が一定値 k となる点全体のなす図形である.「♯2 定値関数・1次関数・2次関数」も参照のこと.

点 $A(x_1, y_1)$ を通る，傾き m の直線の方程式を求める．
直線上の点 A と異なる任意の点 P の座標を (x, y) とすると，線分 AP の傾きは $\dfrac{y - y_1}{x - x_1}$ なので

$$m = \dfrac{y - y_1}{x - x_1}$$

が成り立つ．よって

$$y - y_1 = m(x - x_1)$$

この式は点 A においても明らかに成り立つ．

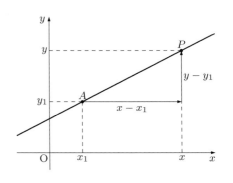

直線の方程式（I）

点 (x_1, y_1) を通る，傾き m の直線[4] の方程式は
$$y - y_1 = m(x - x_1)$$

問 4.2 点 A を通る，傾き m の直線の方程式を，次の場合に求めよ．

(1) $A = (2, 3)$, $m = 2$
(2) $A = (-2, 3)$, $m = -3$
(3) $A = (3, 0)$, $m = \dfrac{1}{3}$
(4) $A = \left(\dfrac{1}{2}, \dfrac{2}{3}\right)$, $m = -4$

異なる 2 点 $A(x_1, y_1)$, $B(x_2, y_2)$ を通る直線の方程式を求める．$x_1 \neq x_2$ のとき，直線の傾きは

$$\dfrac{y_2 - y_1}{x_2 - x_1}$$

であり，点 A を通るから（直線の方程式（I）より）

$$y - y_1 = \dfrac{y_2 - y_1}{x_2 - x_1}(x - x_1)$$

$x_1 = x_2$ のとき[5]，直線は y 軸に平行なので，方程式は $x = x_1$ である．

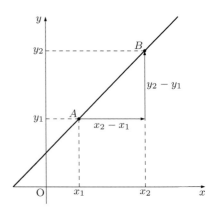

直線の方程式（II）

異なる 2 点 $A(x_1, y_1)$, $B(x_2, y_2)$ を通る直線の方程式は
$$x_1 \neq x_2 \text{のとき} \quad y - y_1 = \dfrac{y_2 - y_1}{x_2 - x_1}(x - x_1)$$
$$x_1 = x_2 \text{のとき} \quad x = x_1$$

問 4.3 次の 2 点を通る直線の方程式を求めよ．

(1) $(2, 3)$, $(-1, 6)$
(2) $(-2, 0)$, $(0, -4)$
(3) $(-3, -2)$, $(1, 4)$
(4) $(2, 4)$, $(2, 2)$

---

[4] 原点を通る傾き m の直線 $y = mx$ を，x 軸方向に x_1，y 軸方向に y_1 だけ平行移動した直線である．
[5] 異なる 2 点なので $x_1 = x_2$ のとき $y_1 \neq y_2$ である．

♯5 不等式の表す領域

❏ 不等式の表す領域（Region for Inequalities）

変数 x, y の（連立）不等式が与えられたとき，その（連立）不等式を満たす点 (x, y) の座標平面上における範囲をその**不等式の表す領域**（region for inequalities）という．

たとえば，直線 $y = ax + b$ によって，座標平面はその上側と下側の 2 つの部分に分かれる．このとき

- 点 (x_0, y_0) が上側にある $\iff$ $y_0 > ax_0 + b$
- 点 (x_0, y_0) が下側にある $\iff$ $y_0 < ax_0 + b$

となるので，次がわかる．

- 不等式 $y > ax + b$ が表す領域は，直線 $y = ax + b$ の上側
- 不等式 $y < ax + b$ が表す領域は，直線 $y = ax + b$ の下側

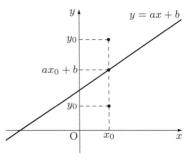

直線に限らず，一般の曲線 $y = f(x)$ についても同様に考えると，次が成り立つ．

> **1 つの不等式の表す領域**
>
> 曲線 $y = f(x)$ に対して
> - 不等式 $y > f(x)$ が表す領域[1)]は，曲線 $y = f(x)$ の上側
> - 不等式 $y < f(x)$ が表す領域[1)]は，直線 $y = f(x)$ の下側

例 5.1 不等式 $x + 2y - 2 \leqq 0$ の表す領域を求める．
不等式を変形すると
$$y \leqq -\frac{1}{2}x + 1$$
となるので，不等式の表す領域は直線 $y = -\frac{1}{2}x + 1$ およびその下側の部分で，右図の陰影部である．ただし，境界を含む．

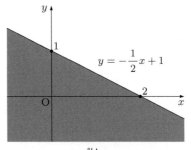

例 5.2 不等式 $2y + x^2 < 2$ の表す領域を求める．
不等式を変形すると
$$y < -\frac{1}{2}x^2 + 1$$
となるので，不等式の表す領域は曲線 $y = -\frac{1}{2}x^2 + 1$ よりも下側の部分で，右図の陰影部である．ただし，境界を含まない．

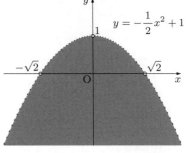

[1)] 領域を図示する際には，境界線 $y = f(x)$ を最初にかいてから，上側か下側かを判定すればよい．上側か下側かは，座標平面上の適当な 1 点（たとえば原点など）が不等式を満たすかどうかを調べればわかる．

問 5.1 次の不等式の表す領域を図示せよ．

(1) $y < x - 1$ 　　　　　　　　(2) $2x + 3y \geqq 6$

(3) $y < x^2 + 4x$ 　　　　　　(4) $x^2 - 2x + y - 3 \leqq 0$

例 5.3 連立不等式 $\begin{cases} x - y + 2 \geqq 0 \\ x^2 - y < 0 \end{cases}$ の表す領域を求める．

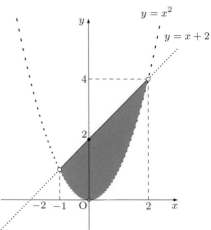

$\begin{cases} x - y + 2 \geqq 0 \iff y \leqq x + 2 \cdots\cdots ① \\ x^2 - y < 0 \iff y > x^2 \cdots\cdots ② \end{cases}$

①の表す領域は，直線 $y = x + 2$ 以下の領域である．
②の表す領域は，放物線 $y = x^2$ よりも上側の領域である．
これより，求める領域は右図の陰影部である．

ただし，境界については直線 $y = x + 2$ 上の点を含み，放物線 $y = x^2$ 上の点は含まない．

問 5.2 次の連立不等式の表す領域を図示せよ．

(1) $\begin{cases} x - 2y + 2 \geqq 0 \\ 3x - y - 4 < 0 \end{cases}$ 　　　　(2) $\begin{cases} (x-1)^2 - y \leqq 3 \\ 3 - y \geqq (x+1)^2 \end{cases}$

問 5.3（線形計画法）あるコーヒー豆店で，次の表に示すような2つのブレンド豆パック A, B を販売しているとする．

豆の種類	Aパック	Bパック	在庫
キリマンジャロ	100g	200g	4000g
ブルーマウンテン	200g	100g	5000g

$\begin{cases} \text{A パック 1 袋：1000 円} \\ \text{B パック 1 袋：800 円} \end{cases}$

この在庫を使って A, B を作るとき，総売り上げが最大になるようにしたい．このとき，次の問に答えよ．

(1) A の個数を x，B の個数を y とするとき，x, y が満たす不等式をすべて求めよ．

(2) (1) で求めた不等式を同時に満たす領域を xy 平面に図示せよ．

(3) 総売り上げを k 円とするとき，k を x, y の式で表せ．

(4) 総売り上げが最大になるようにするには，A, B をそれぞれ何個ずつ作ればよいだろうか．

♯6 逆関数

❏ 逆関数（Inverse Functions）

関数 $f : A \to \mathbb{R}$ とは，実数からなる集合 A の各元 x に対して 1 つずつ実数 y が定まる規則 $x \longmapsto y$ であった．これを逆向きにした規則
$$y \longmapsto x$$
すなわち，関数 f の各値 y に実数 x を対応させる規則が関数になるとき[1]，この関数を，関数 f の**逆関数**（inverse function）といい，記号 $\boldsymbol{f^{-1}} : B \to \mathbb{R}$ で表す．ここで，逆関数 f^{-1} の定義域 B は，関数 f の値域 $\{f(x) \mid x \text{ は } A \text{ の元である}\}$ である．このとき
$$y = f(x) \iff x = f^{-1}(y)$$
となるが，関数は通常，文字 x を定義域の元，文字 y を値域の元として表すことが多いので，逆関数 $x = f^{-1}(y)$ を $y = f^{-1}(x)$ と書くことが多い．
$$y = f^{-1}(x) \iff x = f(y)$$
まずは，定義域や値域を無視して，関数の関係式から形式的に逆関数の関係式を求めてみよう[2]．

例 6.1 関数 $y = 3x+2$ の逆関数の関係式を求める．x, y をそれぞれ y, x に置き換えると $x = 3y+2$．この式を変形すると，逆関数の関係式は $y = \dfrac{1}{3}x - \dfrac{2}{3}$ となる[3]．

例 6.2 関数 $y = x^3$ の逆関数の関係式を求める．x, y をそれぞれ y, x に置き換えると $x = y^3$．この式を変形すると，逆関数の関係式は $y = \sqrt[3]{x}$ となる[4]．

問 6.1 次の関数 $y = f(x)$ の逆関数の関係式を形式的に求めよ．

(1) $y = x - 3$ (2) $y = \dfrac{1}{3}x + \dfrac{2}{3}$ (3) $y = ax + b \ (a \neq 0)$ (4) $y = x^5$

例 6.3 ある国の消費税は 10 ％であるという．このとき，税抜価格から税込価格を計算する関数
$$(\text{税込価格}) = (\text{税抜価格}) \times 1.1$$
について，立場を逆にして考えたい場合がある．
$$(\text{税抜価格}) = (\text{税込価格}) \times \dfrac{1}{1.1}$$
これは，最初の関数の逆関数であり，税込価格から税抜価格を逆算するときに使われる．

---

[1] つまり，1 つの関数の値 y に対して，その値をとる集合 A の元 x が唯一であるとき（このような関数 f は **1 対 1 対応**（one-to-one correspondence）または**単射**（injection）であるという），逆向きの規則 $y \to x$ は関数になる．たとえば，関数 $f : \mathbb{R} \to \mathbb{R}; x \mapsto x^2$（すなわち $y = x^2$）は，$x = \pm 1$ の行先が同じ $f(1) = f(-1) = 1$ なので，逆向きの規則 $x^2 \mapsto x$ は行先が 1 つとは限らず，関数にはならない．

[2] 関数 $y = f(x)$ について，x, y をそれぞれ y, x に置き換えると $x = f(y)$ になる．大雑把に述べると，この数式を変形してできる新しい関数 $y = g(x)$ が $y = f(x)$ の逆関数である．ただし，$f(x)$ は簡単な数式で表されるとは限らないし，変形が不可能な場合もある．

[3] 逆関数の逆関数は，関係式がもとの関数の関係式に戻ることがわかる．

[4] これは x の立方根を値とする関数である．「♯5 累乗根・2 次方程式」も参照のこと．

例 6.4 ある企業が販売するある商品について，生産量から利益を計算する関数

$$（利益）= f((生産量))$$

があるとする．この関数について，立場を逆にして考えたい場合がある．

$$（生産量）= f^{-1}((利益))$$

これは，最初の関数の逆関数であり，利益から生産量を逆算するときに使われる．

例 6.5 関数 $y = x^2$ の逆関数について考える．x, y をそれぞれ y, x に置き換えると $x = y^2$．この式を変形すると $y = \pm\sqrt{x}$．これは 1 つの x の値 (> 0) に対して <u>2 つの y の値</u> が定まるので関数[5] ではない．よって，<u>逆関数は存在しない</u>．

例 6.5 のように，逆関数は存在しない場合もある．とくに，$y = x^2$ の定義域は，何も指定がなければ，実数全体の集合 $\mathbb{R}$ である．以下では，関数の関係式だけではなく，定義域と値域も考慮に入れて逆関数を求めてみよう．

例 6.6 関数 $y = x^2 \, (x \geqq 0)$ の逆関数を求める．この関数の値域は $y \geqq 0$ である．x, y をそれぞれ y, x に置き換えると

$$\begin{cases} y = x^2 \\ 定義域: x \geqq 0 \\ 値域: y \geqq 0 \end{cases} \longrightarrow \begin{cases} x = y^2 \\ y \geqq 0 \\ x \geqq 0 \end{cases}$$

$x = y^2$ を変形すると $y = \pm\sqrt{x}$．ここで，$y \geqq 0$ より，$y = \sqrt{x}$．したがって，逆関数は $y = \sqrt{x} \, (x \geqq 0)$ となる[6]．

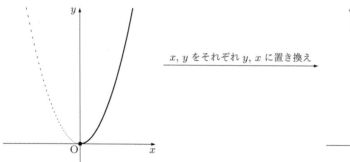
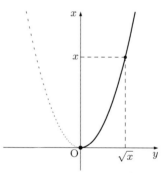

例 6.7 関数 $y = x^2 \, (x \leqq 0)$ の逆関数を求める．この関数の値域は $y \geqq 0$ である．x, y をそれぞれ y, x に置き換えると

$$\begin{cases} y = x^2 \\ 定義域: x \leqq 0 \\ 値域: y \geqq 0 \end{cases} \longrightarrow \begin{cases} x = y^2 \\ y \leqq 0 \\ x \geqq 0 \end{cases}$$

$x = y^2$ を変形すると $y = \pm\sqrt{x}$．ここで，$y \leqq 0$ より，$y = -\sqrt{x}$．したがって，逆関数は $y = -\sqrt{x} \, (x \geqq 0)$ となる．

例 6.5, 例 6.6, 例 6.7 から，逆関数を求める際には，関数の関係式だけではなく <u>関数の定義域と値域も合わせて</u> 考えるのが大切であることがわかる．

---

[5] 本書で関数といえば，1 つの x の値に対して 1 つの y の値が定まるのであった．「♯1 関数とグラフ」の関数の定義を参照のこと．

[6] $y = \sqrt{x}$ のように，整式の累乗根を含む関数を **無理関数（irrational function）**という．

問 6.2 次の関数の逆関数を求めよ [7]．さらに，逆関数の値域を求めよ．
(1) $y = -x^2 \quad (x \geqq 0)$
(2) $y = x^2 - 1 \quad (x \geqq 0)$
(3) $y = -2(x+1)^2 + 3 \quad (x \leqq -1)$

❏ 逆関数のグラフ（Graphs of Inverse Functions）

関数 $y = f(x)$ の逆関数 $y = f^{-1}(x)$ が存在するとき，$y = f^{-1}(x)$ のグラフは，$y = f(x)$ のグラフについて，x, y をそれぞれ y, x に置き換えたグラフになる．

例 6.8

(1) 関数 $y = 3x + 2$ のグラフ　　　逆関数 $y = \dfrac{1}{3}x - \dfrac{2}{3}$ のグラフ

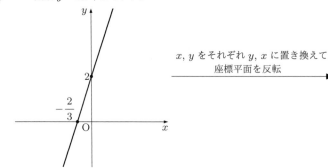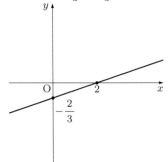

x, y をそれぞれ y, x に置き換えて座標平面を反転

(2) 関数 $y = x^2 \ (x \geq 0)$ のグラフ　　　逆関数 $y = \sqrt{x} \ (x \geq 0)$ のグラフ

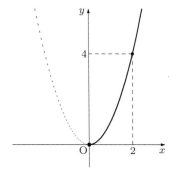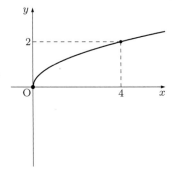

x, y をそれぞれ y, x に置き換えて座標平面を反転

(3) 関数 $y = x^2 \ (x \leqq 0)$ のグラフ　　　逆関数 $y = -\sqrt{x} \ (x \geqq 0)$ のグラフ

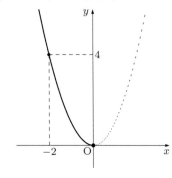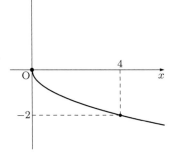

x, y をそれぞれ y, x に置き換えて座標平面を反転

---

[7] 関数の関係式だけでなく，定義域も明記すること．これは関数の定義による．「♯1 関数とグラフ」を参照のこと．

例 6.8 について，関数とその逆関数のグラフを重ね合わせると，グラフが直線 $y=x$ について対称になっていることがわかる．

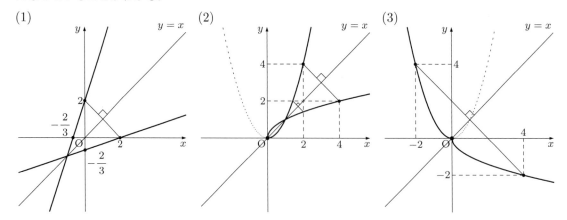

一般に，点 (a,b) と点 (b,a) は直線 $y=x$ について対称なので，ある関数とその逆関数のグラフは直線 $y=x$ について対称 である．

関数とその逆関数の関係

関数 $y=f(x)$ の逆関数 $y=f^{-1}(x)$ が存在するとき，次が成り立つ．

$$\text{点 }(a,b) \text{ が曲線 } y=f(x) \text{ 上の点} \iff \text{点 }(b,a) \text{ が曲線 } y=f^{-1}(x) \text{ 上の点}$$

とくに，$y=f(x)$ と $y=f^{-1}(x)$ のグラフは直線 $y=x$ で対称である．

問 6.3 次の関数 $y=f(x)$ の逆関数を求めよ．さらに，逆関数の値域を求め，逆関数のグラフの概形をかけ．

(1) $y=-\dfrac{1}{2}x+\dfrac{3}{2}\quad(-1<x\leqq 3)$

(2) $y=2x^2-2\quad(x\leqq 0)$

(3) $y=x^2-4x+3\quad(x\geqq 2)$

問 6.4 関数 $y=\sqrt{ax+b}+c$ の逆関数の関係式が $y=\dfrac{1}{2}x^2-5x+11$ であるとき，定数 a,b,c の値を求めよ．

問 6.5 関数 $y=\sqrt{ax+b}$ の逆関数のグラフが点 $(5,11)$ と点 $(1,-1)$ を通るとき，定数 a,b の値を求めよ．

問 6.6* A を正の偶数全体の集合とする．関数 $f:A\to\mathbb{R}; x\mapsto x-1$ について，次の問に答えよ．

(1) 逆関数 f^{-1} を求めよ．

(2) $g(x)=f^{-1}(f(x))$, $h(x)=f(f^{-1}(x))$ とおくとき，関数 g,h を求め，さらに，これらの値域を求めよ．

問 6.7* 関数 f とその逆関数 f^{-1} があって，$f(f(f(x)))=x-1$, $f^{-1}(x)=ax+b$ となるとき，定数 a,b の値を求めよ．

練習問題の答え

§1   pp.2–6

問 1.1

整式	次数	定数項	x に着目のとき		y に着目のとき	
			次数	定数項	次数	定数項
$x^3y - 5xy^2 + 3xy - 2y + 7$	4	7	3	$-2y+7$	2	7
$x^3 - 3x^2y + 3xy^2 - y^3$	3	0	3	$-y^3$	3	x^3
$2x^3 + 4x^2y^2 - xy^3 - \dfrac{1}{3}y - 1$	4	-1	3	$-\dfrac{1}{3}y - 1$	3	$2x^3 - 1$

問 1.2

(1) $A + B = x^4 + 2x^3 + (a^2 - a)x^2 - 3x + 4a^3$
$A - B = -x^4 + 2x^3 - (a^2 + a)x^2 - 3x - 4a^3$

(2) $A + B = 3y^2 + 2xy + 6x^2$
$A - B = -y^2 + 8xy - 8x^2$

(3) $A + B = 6z^3 - 7z^2 + (3x - y)z + xy^2 + 2x^2$
$A - B = 6z^3 - 7z^2 - (3x + y)z - xy^2 - 2x^2$

(4) $A + B = (-2b + c)a^2 + (3b^2 + c^2)a + \dfrac{5}{2}b^2$
$A - B = (2b + c)a^2 + (3b^2 - c^2)a - \dfrac{7}{2}b^2$

問 1.3* A は x の整式なので, $A = ax^n + bx^{n-1} + cx^{n-2} + \cdots + dx + e$ ($a, b, c, \cdots, d, e$ は定数) としてよい. このとき, 次数が偶数の項 $\Box x^{2k}$ ($= \Box y^k$, $k \geqq 0$) だけを集めた整式を C とおく. 次に, 次数が奇数の項 $\Box x^{2k+1}$ ($= \Box xy^k$, $k \geqq 0$) だけを集めた整式 $\Box x + \Box x^3 + \Box x^5 + \cdots$ を, x でくくり出して $x(\Box + \Box x^2 + \Box x^4 + \cdots)$ とすると, ( ) 内の整式は $\Box + \Box y + \Box y^2 + \cdots$ ($y = x^2$) の形になるので, この整式を B とおく. 以上より, $A = xB + C$ ($y = x^2$) と書き表せることがわかる.

§2   pp.7–11

問 2.1
(1) $-3^{10}a^5b^3$ ($= -59049a^5b^3$)   (2) a^2b^3
(3) $-2^3 3^2 a^7 b^{11}$ ($= -72a^7b^{11}$)   (4) $-2^2 3^3 a^8 b^9$ ($= -108a^8b^9$)

問 2.2
(1) $a^2 + 2ab + b^2$ (2) $a^2 - 2ab + b^2$ (3) $a^2 - b^2$
(4) $x^2 + ax + bx + ab$ (5) $acx^2 + adx + bcx + bd$ (6) $a^3 + 3a^2b + 3ab^2 + b^3$
(7) $a^3 - 3a^2b + 3ab^2 - b^3$ (8) $a^3 + b^3$ (9) $a^3 - b^3$

問 2.3 3 次の項: $20x^3$, 4 次の項: $25x^4$

問 2.4 72

問 2.5* $x^2 + 1$ が因数分解できると仮定する. このとき, 因数の次数の和は 2 になるはずなので, $x^2 + 1 = (x + a)(x + b)$ (a, b は有理数) と書ける. この式に $x = -a$ を代入すると, $a^2 + 1 = 0$ となるが, a は有理数であるから $a^2 \geqq 0$, すなわち $a^2 + 1 > 0$ でなければならない. これは矛盾である. したがって, $x^2 + 1$ をこれ以上因数分解できない.

次に, $x^3 + 2$ が因数分解できると仮定する. このとき, 因数の次数の和は 3 になるはずなので, とくに, $x^3 + 2 = (x + a)(x^2 + bx + c)$ (a, b, c は有理数) の形に分解できる. この式に $x = -a$ を代入すると,

$-a^3 + 2 = 0$，つまり $a^3 = 2$ となるが，3乗して2になる有理数は存在しない ので，これは矛盾である．したがって，$x^3 + 2$ をこれ以上因数分解できない．

3乗して2になる有理数は存在しない ことの証明：
このような有理数が存在すると仮定する．この有理数を約分して，$\dfrac{e}{f}$ になったとすると

$$\left(\frac{e}{f}\right)^3 = 2 \iff e^3 = 2f^3$$

この等式から e は2で割り切れること，つまり f も2で割り切れることがわかるが，これは e と f に共通の約数2があることを意味し，$\dfrac{e}{f}$ が既約分数であることに矛盾する．よって，3乗して2になる有理数は存在しない．

問 2.6[*] 答えを無数に作ることが可能である．とくに，問 2.5 の結果を使うと，次の例が与えられる[1]．
  (1) たとえば $A = x(x^2 + 1)$, $A_1 = x$, $A_2 = x^2 + 1$.
  (2) たとえば $A = (x^2 + 1)(x^3 + 2)$, $A_1 = x^2 + 1$, $A_2 = x^3 + 2$.

問 2.7
  (1) $m(a + b)$ (2) $(a + b)n$
  (3) $(a + b)x(x + 1)$ (4) $(s + t - 1)xy(y - 1)$

問 2.8
  (1) $(a + b)^2$ (2) $(a + 3)^2$
  (3) $(a - b)^2$ (4) $(a - 2)^2$
  (5) $(a + b)(a^2 - ab + b^2)$ (6) $(a + 1)(a^2 - a + 1)$
  (7) $(a - b)(a^2 + ab + b^2)$ (8) $(a - 2)(a^2 + 2a + 4)$

問 2.9
  (1) $(x + 3)(x + 4)$ (2) $(x + 5)(x - 3)$
  (3) $(3x + 4)(x + 2)$ (4) $(3x - 2)(2x + 3)$

問 2.10
  (1) $(x + 3)(x + 4)$ (2) $(x + 5)(x - 3)$
  (3) $(3x + 4)(x + 2)$ (4) $(3x - 2)(2x + 3)$

♮3   pp.12–16

問 3.1
  (1) 商は $2x + 3$, 余りは 35 等式：$A = B(2x + 3) + 35$
  (2) 商は $x^2 - 2x - 3$, 余りは 0（すなわち A は B で割り切れる） 等式：$A = B(x^2 - 2x - 3)$
  (3) 商は $\dfrac{3x^2}{2} - \dfrac{3x}{4} + \dfrac{3}{8}$, 余りは $\dfrac{13}{8}$ 等式：$A = B\left(\dfrac{3x^2}{2} - \dfrac{3x}{4} + \dfrac{3}{8}\right) + \dfrac{13}{8}$
  (4) 商は $a^2 - ab + b^2$, 余りは 0 等式[2]：$a^3 + b^3 = (a + b)(a^2 - ab + b^2)$
  (5) 商は $a^2 + ab + b^2$, 余りは 0 等式[3]：$a^3 - b^3 = (a - b)(a^2 + ab + b^2)$

問 3.2[*] $A = A'D$, $B = B'D \, (\neq 0)$ のとき

$$X = \frac{A}{B} \iff BX = A \iff (B'D)X = A'D \iff D(B'X - A') = 0$$

ここで，$D \neq 0$ なので，$B'X - A' = 0$ すなわち $B'X = A'$ でなければならない．∴ $X = \dfrac{A'}{B'}$．

---

[1] 本書では，有理数係数の因数分解のみを考えているが，一般には，係数の範囲を変えると状況が劇的に変化する．たとえば，文字が1つだけの場合，係数が複素数の n 次多項式は，複素数を係数とする n 個の1次式の積の形に因数分解できること（代数学の基本定理 (**fundamental theorem of algebra**)）が知られている．【例】$x^2 + 1 = (x + \sqrt{-1})(x - \sqrt{-1})$．複素数については「♮4 数の世界の広がり」を参照のこと．
[2] これはすなわち，$a^3 + b^3$ の因数分解の式を与えている．
[3] これはすなわち，$a^3 - b^3$ の因数分解の式を与えている．

問 3.3
(1) $\dfrac{3x^2z^3}{2y}$ (2) $\dfrac{x(x+1)}{x-5}$ (3) $\dfrac{a-b-c}{a+b-c}$

問 3.4
(1) $\dfrac{2(x^2+2)}{x^2-4}\ \left(=\dfrac{2(x^2+2)}{(x+2)(x-2)}\right)$ (2) $-\dfrac{t^2}{s+t}$

(3) $-\dfrac{4}{x^2-4}\ \left(=-\dfrac{4}{(x+2)(x-2)}\right)$ (4) $\dfrac{a^2+t^2}{a^2t-at^2}\ \left(=\dfrac{a^2+t^2}{at(a-t)}\right)$

問 3.5* $\quad\dfrac{a^k}{(a-b)(a-c)}+\dfrac{b^k}{(b-c)(b-a)}+\dfrac{c^k}{(c-a)(c-b)}=\dfrac{a^k(b-c)+b^k(c-a)+c^k(a-b)}{(a-b)(a-c)(b-c)}$

ここで, 右辺の分子を P_k とおくと
$$P_0 = 1\cdot(b-c)+1\cdot(c-a)+1\cdot(a-b)=0$$
$$P_1 = a(b-c)+b(c-a)+c(a-b)=0$$
$$P_2 = a^2(b-c)+b^2(c-a)+c^2(a-b)$$
$$= a^2(b-c)+b^2c-ab^2+ac^2-bc^2 \quad (a\text{ について降べきの順に整理})$$
$$= (b-c)a^2-(b^2-c^2)a+bc(b-c) \quad (\text{共通因数 } b-c \text{ でくくり出す})$$
$$= (b-c)\{a^2-(b+c)a+bc\}=(b-c)(a-b)(a-c)$$

以上より, $k=0, 1$ のとき 0, $k=2$ のとき 1 [4].

問 3.6
(1) $\dfrac{6s}{25t^2}$ (2) 1

(3) $-\dfrac{a+7}{a+2}$ (4) $-\dfrac{x}{(x+1)(x-3)}$

問 3.7*

(1) $-\dfrac{1}{a+1}+\dfrac{1}{a-1}+\dfrac{-a+1}{a^2+a+1}+\dfrac{a+1}{a^2-a+1}$
$$=\left(\dfrac{a+1}{a^2-a+1}-\dfrac{1}{a+1}\right)+\left(\dfrac{-a+1}{a^2+a+1}+\dfrac{1}{a-1}\right)$$
$$=\dfrac{3x}{x^3+1}+\dfrac{3x}{x^3-1}=\dfrac{6x^4}{x^6-1}$$

(2) $1+\dfrac{x}{1-\dfrac{1}{1-\dfrac{x}{x-1}}} \stackrel{5)}{=} 1+\dfrac{x}{1-\dfrac{x-1}{(x-1)-x}}=1+\dfrac{x}{1+(x-1)}=1+\dfrac{x}{x}=2$

(3) $\dfrac{bc}{(a-b)(a-c)}+\dfrac{ca}{(b-c)(b-a)}+\dfrac{ab}{(c-a)(c-b)}=\dfrac{bc(b-c)+ca(c-a)+ab(a-b)}{(a-b)(a-c)(b-c)}\quad\cdots(\dagger)$

ここで, (右辺の分子) $= b^2c-bc^2+c^2a-ca^2+a^2b-ab^2=a^2(b-c)+b^2(c-a)+c^2(a-b)$ より

$$(\dagger)\cdots\quad\dfrac{a^2}{(a-b)(a-c)}+\dfrac{b^2}{(b-c)(b-a)}+\dfrac{ab}{(c-a)(c-b)}$$

これは, 問 3.4 の $k=2$ の場合なので, 1 となる.

(4) $\dfrac{b}{a(a+b)}+\dfrac{c}{(a+b)(a+b+c)}+\dfrac{d}{(a+b+c)(a+b+c+d)}$
$$=\left(\dfrac{1}{a}-\dfrac{1}{a+b}\right)+\left(\dfrac{1}{a+b}-\dfrac{1}{a+b+c}\right)+\left(\dfrac{1}{a+b+c}-\dfrac{1}{a+b+c+d}\right)$$
$$=\dfrac{1}{a}-\dfrac{1}{a+b+c+d}=\dfrac{b+c+d}{a(a+b+c+d)}$$

---

[4] 別解として, 交代式 (2 つ以上の文字を含む数式で, 式中のどの 2 文字を入れかえても, もとの式とせいぜい符号 $\pm$ だけが変わる数式) の理論を用いて鮮やかに計算する方法もある.

[5] $\dfrac{1}{1-\dfrac{x}{x-1}}$ の分母と分子に $x-1$ を掛ける.

5

問 5.2
(1) 2 (2) 5 (3) 2 (4) 5

問 5.3
(1) $23\sqrt{2}$ (2) $50\sqrt{6}$
(3) $-12\sqrt{2}$ (4) $30 + 11\sqrt{30}$

問 5.4
(1) $3\sqrt[3]{2}\,(= 3 \cdot 2^{\frac{1}{3}})$ (2) 24 (3) $\sqrt[8]{2}\,(= 2^{\frac{1}{8}})$ (4) $3\sqrt[12]{3}\,(= 3 \cdot 3^{\frac{1}{12}})$

問 5.5* $\alpha = \dfrac{1}{2}\left(a^2 - \dfrac{1}{a^2}\right)$ より
$$\alpha^2 + 1 = \frac{1}{4}\left(a^4 - 2 + \frac{1}{a^4}\right) + 1 = \frac{1}{4}\left(a^4 + 2 + \frac{1}{a^4}\right) = \left\{\frac{1}{2}\left(a^2 + \frac{1}{a^2}\right)\right\}^2$$
これより，$\sqrt{\alpha^2 + 1} = \dfrac{1}{2}\left(a^2 + \dfrac{1}{a^2}\right)$．よって，$a > 0$ なので，$\sqrt{\alpha + \sqrt{\alpha^2 + 1}} = \sqrt{a^2} = a$．

問 5.8 $a = 0, b = 0$ のとき，解は任意の数式．$a = 0, b \neq 0$ のとき，解なし．$a \neq 0$ のとき，$ax + b = 0$ は 1 次方程式であり，解は $x = -\dfrac{b}{a}$．

問 5.9* $p = 500, 900$（円）

問 5.10
(1) $x = -3, 5$ (2) $x = \pm 8$ (3) $x = -3, -\dfrac{1}{2}$
(4) $x = -\dfrac{1}{2}, \dfrac{1}{3}$ (5) $x = -\dfrac{1}{2}$ (2重解) (6) $x = -2, \dfrac{3}{2}$

問 5.11* $(x^2+6x+10)^2 - 4(x^2+6x+10) + 4 = \{(x^2+6x+10)-2\}^2 = (x^2+6x+8)^2 = (x+4)^2(x+2)^2 = 0$ より，$x = -4, -2$ (それぞれ 2 重解)．

問 5.12
(1) $x = \pm 8$ (2) $x = \pm\sqrt{\dfrac{5}{2}}\left(= \pm\dfrac{\sqrt{10}}{2}\right)$ (3) $x = 1 \pm \sqrt{2}$ (4) $x = -1 \pm \sqrt{3}$

問 5.13
(1) $x = 1 \pm \sqrt{6}$ (2) $x = \dfrac{4 \pm 2\sqrt{7}}{3}$ (3) $x = \sqrt{3}$ (2重解) (4) $x = \dfrac{-1 \pm \sqrt{5}}{2}$

問 5.14

① $ax^2 + bx + c = 0$ $\times \dfrac{1}{a}$

② $x^2 + \dfrac{b}{2a} \cdot 2x + \dfrac{c}{a} = 0$

③ $\left(x + \dfrac{b}{2a}\right)^2 - \left(\dfrac{b}{2a}\right)^2 + \dfrac{c}{a} = 0$ $\left(\dfrac{b}{2a}\right)^2 - \dfrac{c}{a}$

④ $\left(x + \dfrac{b}{2a}\right)^2 = \left(\dfrac{b}{2a}\right)^2 - \dfrac{c}{a}$

$\left(x + \dfrac{b}{2a}\right)^2 = \dfrac{b^2 - 4ac}{4a^2}$ $\pm\sqrt{\ }$

⑤ $x + \dfrac{b}{2a} = \pm\sqrt{\dfrac{b^2 - 4ac}{4a^2}}$

⑥ $x = \dfrac{-b \pm \sqrt{b^2 - 4ac}}{2a}$

① 両辺を x^2 の係数 a で割る．
② $\dfrac{x \text{の係数}}{2} = \dfrac{b}{2a}$ に着目し，平方完成する．
③ 両辺に $\left(\dfrac{x \text{の係数}}{2}\right)^2 - 1 = \left(\dfrac{b}{2a}\right)^2 - \dfrac{c}{a}$ を足す．
④ 右辺を整理し，平方根をとる．
⑤ 数式を整理し，x について解く．
⑥ 2 次方程式の解が求められた．

問 5.15* $(x^2 + 2x - 5)^2 + 6(x^2 + 2x - 5) + 9 = \{(x^2+2x-5)+3\}^2 = (x^2+2x-2)^2 = 0$ より，$x^2 + 2x - 2 = 0$ となるので，この 2 次方程式を解くと $x = -1 \pm \sqrt{3}$ となる．

6

問 6.1

(1) $\begin{cases} x = \dfrac{1}{3} \\ y = \dfrac{1}{9} \end{cases}$
(2) $\begin{cases} x = -2 \\ y = 1 \\ z = 3 \end{cases}$
(3) $\begin{cases} x = -1 \\ y = 2 \\ z = -2 \end{cases}$

(4) $\begin{cases} x = 0 \\ y = -1 \\ z = 1 \end{cases}$
(5) $\begin{cases} x = 1 \\ y = -\dfrac{1}{2} \\ z = -1 \\ w = \dfrac{1}{2} \end{cases}$
(6) $\begin{cases} x = 4 \\ y = -6 \\ z = 4 \\ w = -1 \end{cases}$

問 6.2 $a = 0, b > 0$ のとき, x は任意の実数. $a = 0, b \leqq 0$ のとき, 解なし. $a \neq 0$ のとき, $ax + b > 0$ は 1 次不等式であり, $a > 0$ ならば $x > -\dfrac{b}{a}$, $a < 0$ ならば $x < -\dfrac{b}{a}$.

問 6.3

(1) $x \geqq 2$ (2) $x \leqq 1$ (3) $x < 9$ (4) $x > -\dfrac{25}{4}$

問 6.4* 条件より, $b = 70 - a$ であり, $1.5 \leqq \dfrac{70-a}{a} < 1.6$ が成り立つ. この不等式を解くと $a = 27, 28$. $a = 28$ のとき, $\dfrac{b}{a} = \dfrac{42}{28}$ となり, これは既約分数でないので, 不適. ゆえに $\dfrac{b}{a} = \dfrac{43}{27}$.

問 6.5

(1) $x < 4$ (2) $x \geqq 3$

(3) $-3 \leqq x < 4$ (4) $x \leqq -\dfrac{5}{7}$

問 6.6

(1) 与式の両辺に $\dfrac{1}{2}$ と $\dfrac{1}{3}$ を掛けて $\left(x - \dfrac{1}{2}\right)\left(x + \dfrac{5}{3}\right) < 0$. $\therefore \begin{cases} x - \dfrac{1}{2} > 0 \\ x + \dfrac{5}{3} < 0 \end{cases}$ or $\begin{cases} x - \dfrac{1}{2} < 0 \\ x + \dfrac{5}{3} > 0 \end{cases}$.

それぞれ解くと, 解なし or $-\dfrac{5}{3} < x < \dfrac{1}{2}$. よって, $-\dfrac{5}{3} < x < \dfrac{1}{2}$.

(2) 与式の両辺に $\dfrac{1}{2}$ と $\dfrac{1}{5}$ を掛けて $\left(x - \dfrac{1}{2}\right)(x+1)\left(x - \dfrac{4}{5}\right) \geqq 0$. $\therefore \begin{cases} x - \dfrac{1}{2} \geqq 0 \\ x + 1 \geqq 0 \\ x - \dfrac{4}{5} \geqq 0 \end{cases}$ or $\begin{cases} x - \dfrac{1}{2} \geqq 0 \\ x + 1 \leqq 0 \\ x - \dfrac{4}{5} \leqq 0 \end{cases}$

or $\begin{cases} x - \dfrac{1}{2} \leqq 0 \\ x + 1 \geqq 0 \\ x - \dfrac{4}{5} \leqq 0 \end{cases}$ or $\begin{cases} x - \dfrac{1}{2} \leqq 0 \\ x + 1 \leqq 0 \\ x - \dfrac{4}{5} \geqq 0 \end{cases}$ それぞれ解くと, $x \geqq \dfrac{4}{5}$ or 解なし or $-1 \leqq x \leqq \dfrac{1}{2}$ or 解なし.

よって, $-1 \leqq x \leqq \dfrac{1}{2}$ or $\dfrac{4}{5} \leqq x$.

♯1

問 1.1

(1) 例 1.3：税抜価格を x, 税込価格を y とすると, $y = 1.1x$
　　例 1.4：人数を x, 総費用を y とすると, $y = 3300x$
　　例 1.5：所得を x, 消費を y とすると, $y = 0.85x + 50$

(2) 省略

問 1.2

(1) $q = 1.08p$（または $f(p) = 1.08p$）

(2) $h = 10 - w$（または $f(w) = 10 - w$）

(3) $d = 100 - \dfrac{1}{2}p$（または $f(p) = 100 - \dfrac{1}{2}p$）

問 1.3　$f(2x) = 12x^2 - 2x$, $f(1+h) = 3(1+h)^2 - (1+h)\,(= 3h^2 + 5h + 2)$, $f(x+h) = 3(x+h)^2 - (x+h)\,(= 3x^2 + 6hx - x + 3h^2 - h)$

問 1.4　$f(x) = ax + b$ より, $f(f(f(x))) = f(f(ax+b)) = f(a(ax+b)+b) = f(a^2x + ab + b) = a(a^2x + ab + b) + b = a^3x + a^2b + ab + b$. この式と $f(f(f(x))) = -8x + 9$ の係数を比較して, $a^3 = -8$, $a^2b + ab + b = 9$. これを解くと, $a = -2$, $b = 3$（a は実数であることに注意）.

問 1.5　$f(g(x)) = f(ax+b) = 3(ax+b) - 2 = 3ax + 3b - 2$, $g(f(x)) = g(3x-2) = a(3x-2) + b = 3ax - 2a + b$, $f(g(x)) = g(f(x))$ より, $3b - 2 = -2a + b$. これより, $a + b = 1$. よって, $g(1) = a + b = 1$.

問 1.6

(1)

x	-2	$-\sqrt{3}$	-1	-0.5	0	0.5	1	$\sqrt{3}$	2
y	-2	0	2	1.375	0	-1.375	-2	0	2

(2)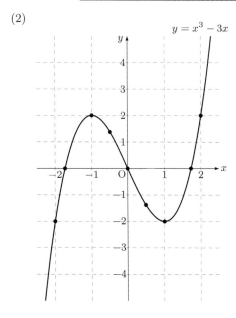

(3)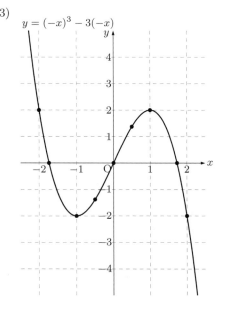

問 1.7

(1) 実数全体（または $\mathbb{R}$ でも可）

(2) 2 を除いた実数全体（または $\{x \mid x$ は実数かつ $x \neq 2\}$ でも可）

(3) 0 以上（0 自身も含む）の実数全体（または $\{x \mid x \geqq 0\}$ でも可）

♯2　　pp.37–42

問 **2.1**

(1) 値域：$-1 \leqq y \leqq 1$

(2) 値域：$-1 \leqq y < 3$

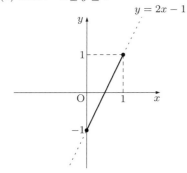
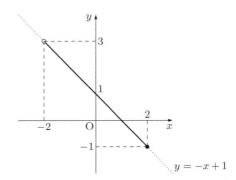

(3) 値域：$y = 1$（1 点のみの集合）

(4) 値域：$0 \leqq y \leqq 1$

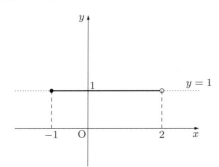
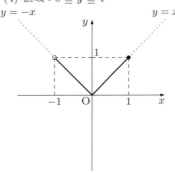

問 **2.2**

(1) $y = x^2$

x	-3	-2	-1	0	1	2	3
y	9	4	1	0	1	4	9

(2) $y = \dfrac{1}{2}x^2$

x	-3	-2	-1	0	1	2	3
y	$\dfrac{9}{2}$	2	$\dfrac{1}{2}$	0	$\dfrac{1}{2}$	2	$\dfrac{9}{2}$

(3) $y = -x^2$

x	-3	-2	-1	0	1	2	3
y	-9	-4	-1	0	-1	-4	-9

(4) $y = -\dfrac{1}{2}x^2$

x	-3	-2	-1	0	1	2	3
y	$-\dfrac{9}{2}$	-2	$-\dfrac{1}{2}$	0	$-\dfrac{1}{2}$	-2	$-\dfrac{9}{2}$

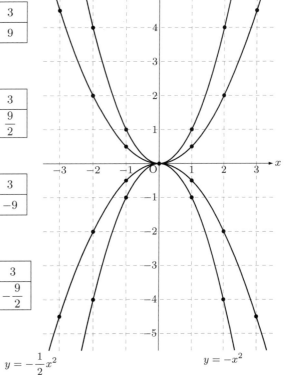

問 2.3 関数の関係式が変わると，どのようにグラフが変化するかを考える．

(2) のグラフは，(1) のグラフを y 軸方向に $\frac{1}{2}$ 倍に縮小したグラフである．

(3) のグラフは，(1) のグラフを x 軸対称にうつしたグラフである．

(4) のグラフは，(1) のグラフを y 軸方向に $\frac{1}{2}$ 倍に縮小し，それをさらに x 軸対称にうつしたグラフである．

問 2.4

(1) $y = (x-1)^2 + 2$

x	-2	-1	0	1	2	3	4
y	11	6	3	2	3	6	11

$y = x^2$ のグラフを x 軸方向に $\boxed{1}$，y 軸方向に $\boxed{2}$，平行移動

(2) $y = -(x-1)^2 + 2$

x	-2	-1	0	1	2	3	4
y	-7	-2	1	2	1	-2	-7

$y = -x^2$ のグラフを x 軸方向に $\boxed{1}$，y 軸方向に $\boxed{2}$，平行移動

(3) $y = (x+1)^2 - 2$

x	-4	-3	-2	-1	0	1	2
y	7	2	-1	-2	-1	2	7

$y = x^2$ のグラフを x 軸方向に $\boxed{-1}$，y 軸方向に $\boxed{-2}$，平行移動

(4) $y = -(x+1)^2 - 2$

x	-4	-3	-2	-1	0	1	2
y	-11	-6	-3	-2	-3	-6	-11

$y = -x^2$ のグラフを x 軸方向に $\boxed{-1}$，y 軸方向に $\boxed{-2}$，平行移動

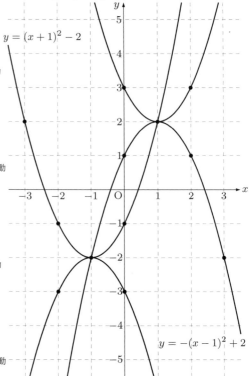

問 2.5

(1) $y = 2x^2 - 1$

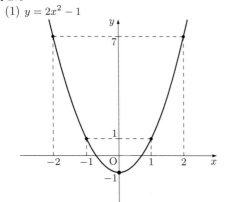

$\begin{cases} \text{軸の方程式}: x = 0 \ (y \text{軸}) \\ \text{頂点の座標}: (0, -1) \end{cases}$

(2) $y = -(x-2)^2 - 1$

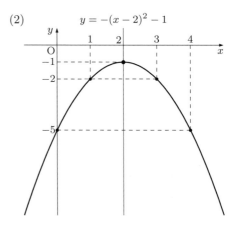

$\begin{cases} \text{軸の方程式}: x = 2 \\ \text{頂点の座標}: (2, -1) \end{cases}$

(3) $y = -3(x-1)^2$

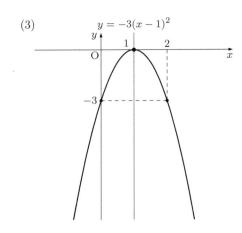

$\begin{cases} 軸の方程式 : x = 1 \\ 頂点の座標 : (1, 0) \end{cases}$

(4) $y = 2(x+1)^2 + 3$

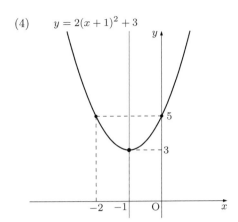

$\begin{cases} 軸の方程式 : x = -1 \\ 頂点の座標 : (-1, 3) \end{cases}$

問 **2.6** $y = -2(x+1)^2 + 3$（または $y = -2x^2 - 4x + 1$）

問 **2.7**

(1) 標準形 : $y = (x-2)^2 - 1$

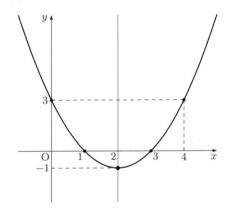

$\begin{cases} 軸の方程式 : x = 2 \\ 頂点の座標 : (2, -1) \end{cases}$

(2) 標準形 : $y = -(x+3)^2 + 2$

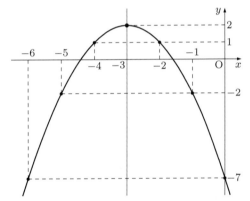

$\begin{cases} 軸の方程式 : x = -3 \\ 頂点の座標 : (-3, 2) \end{cases}$

(3) 標準形 : $y = 2(x+1)^2 - 2$

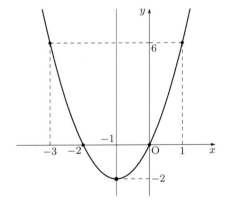

$\begin{cases} 軸の方程式 : x = -1 \\ 頂点の座標 : (-1, -2) \end{cases}$

(4) 標準形 : $y = -3\left(x - \dfrac{1}{2}\right)^2 + \dfrac{7}{4}$

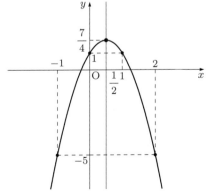

$\begin{cases} 軸の方程式 : x = \dfrac{1}{2} \\ 頂点の座標 : \left(\dfrac{1}{2}, \dfrac{7}{4}\right) \end{cases}$

問 **2.8**

(1) $y = 3x + 1$ (2) $y = 3(x+2)^5 - 5$ (3) $y = 3(x+2)^5 - 4$

(4) $y = 3x^5 - 4$ (5) $y = \sqrt{x+2} - 5$ (6) $y = \dfrac{1}{x+2} - 5$

問 **2.9**

(1) 関数 $y = -2(x+1)^3 - 4$ のグラフは，関数 $y = -2x^3$ のグラフを x 軸方向に $\boxed{-1}$，y 軸方向に $\boxed{-4}$，平行移動した曲線である．

(2) 関数 $y = 4(x-2)^3 - 3(x-2)^2 + (x-2)$ のグラフは，関数 $y = 4x^3 - 3x^2 + x$ のグラフを x 軸方向に $\boxed{2}$，平行移動した曲線である．

♯3   pp.43–45

問 **3.1**

(1) 標準形：$y = (x-2)^2 - 2 \; (0 \leqq x \leqq 3)$

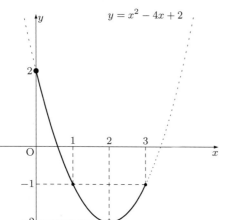

$\begin{cases} 最大値 \quad 2 \; (x = 0) \\ 最小値 \; -2 \; (x = 2) \end{cases}$

(2) 標準形：$y = -(x-1)^2 + 2 \; (-2 \leqq x \leqq 2)$

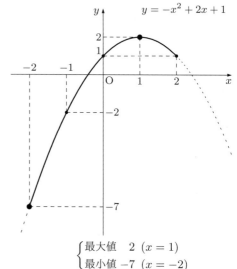

$\begin{cases} 最大値 \quad 2 \; (x = 1) \\ 最小値 \; -7 \; (x = -2) \end{cases}$

(3) 標準形：$y = 4(x-1)^2 - 4 \; \left(\dfrac{1}{2} \leqq x \leqq 2\right)$

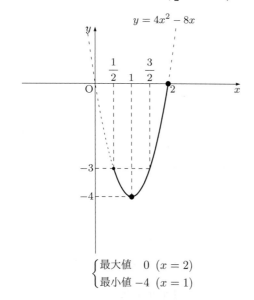

$\begin{cases} 最大値 \quad 0 \; (x = 2) \\ 最小値 \; -4 \; (x = 1) \end{cases}$

(4) 標準形：$q = -\dfrac{1}{2}(p - 700)^2 + 45000$

$(0 \leqq p \leqq 1000)$

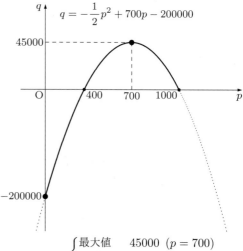

$\begin{cases} 最大値 \quad 45000 \; (p = 700) \\ 最小値 \; -200000 \; (p = 0) \end{cases}$

問 3.2* 標準形になおすと $y = (x-a)^2 - a^2 + 2a$ となるので，頂点の座標は $(a, -a^2 + 2a)$ である（グラフは省略）．i) $a \leqq 0$ のとき，$x = 0$ で最小で，最小値は $2a$．∴ $a = -\dfrac{3}{2}$．これは $a \leqq 0$ を満たす．ii) $0 < a \leqq 2$ のとき，$x = a$ で最小で，最小値は $-a^2 + 2a$．∴ $-a^2 + 2a = -3$．これを解くと $a = -1, 3$．これらは $0 < a \leqq 2$ の範囲に含まれないので，不適．iii) $a > 2$ のとき，$x = 2$ で最小で，最小値は $-2a + 4$．∴ $-2a + 4 = -3$．これを解くと $a = \dfrac{7}{2}$．これは $a > 2$ を満たす．i) ii) iii) より，$a = -\dfrac{3}{2}, \dfrac{7}{2}$．

問 3.3 長方形の縦の長さを x cm，横の長さを y cm とする $(x, y > 0)$．針金は 40 cm の長さだから，$2x + 2y = 40$ となる．これより $y = 20 - x$．このとき $x > 0, y > 0$ より，$0 < x < 20$．長方形の面積を S とおくと

$$S = xy = x(20 - x)$$
$$= -x^2 + 20x = -(x-10)^2 + 100$$

グラフは右図のようになるので $x = 10$ のとき最大値 100 となる．ゆえに，一辺の長さが 10 cm の正方形のとき，面積は最大（100 cm²）になる．

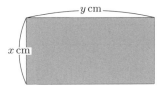

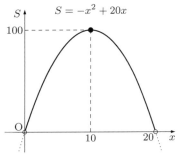

問 3.4
(1) （例 3.2 を参照のこと）$q = p \times D(p) - 400 \times D(p)$ より

$$q = -\dfrac{1}{2}p^2 + 700p - 200000 \quad (0 \leqq p \leqq 1000).$$

(2) 問 3.1 (4) より，$p = 700$ のとき最大値 $q = 45000$．これより，価格を 700 円にすれば利潤が最大（45000円）になる．

(3) $q(600) = 40000$，$q(800) = 40000$ より，600 円で販売しても 800 円で販売しても利潤は同じになる．このとき，800 円で販売した方が需要が少なくなり，その分材料を仕入れたり調理したりする手間が省けるので 800 円で販売する，という考え方もあるし，客目線で考えると 600 円の方が安く，宣伝効果もあってよい，と考えることもできる．読者はどのような意思決定をするであろうか．

(4) (1) で求めた式から，さらに 1 日あたりの賃料（1 ヶ月を 30 日として計算）$\dfrac{1200000}{30}$ 円を引くと

$$q = -\dfrac{1}{2}p^2 + 700p - 240000$$
$$= -\dfrac{1}{2}(p - 700)^2 + 5000$$

これより，価格を 700 円で販売するとき（1 日当たりの）利潤は最大（5000 円）になる．儲けを第一に考えなければ店をオープンしてよいかもしれない．読者はどのような意思決定をするであろうか．

♯4　　　　　pp.46–47

問 4.1

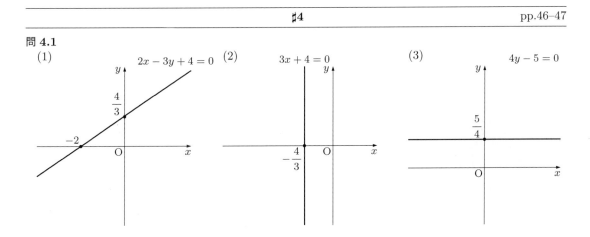

問 4.2

(1) $y = 2x - 1$ （$2x - y - 1 = 0$ でも可） (2) $y = -3x - 3$ （$3x + y + 3 = 0$ でも可）

(3) $y = \dfrac{1}{3}x - 1$ （$x - 3y - 3 = 0$ でも可） (4) $y = -4x + \dfrac{8}{3}$ （$12x + 3y - 8 = 0$ でも可）

問 4.3

(1) $y = -x + 5$ （$x + y - 5 = 0$ でも可） (2) $y = -2x - 4$ （$2x + y + 4 = 0$ でも可）

(3) $y = \dfrac{3}{2}x + \dfrac{5}{2}$ （$3x - 2y + 5 = 0$ でも可） (4) $x = 2$ （$x - 2 = 0$ でも可）

♯5
pp.48–49

問 5.1

(1)
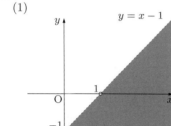

ただし境界を含まない.

(2)
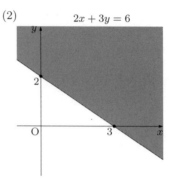

ただし境界を含む.

(3)
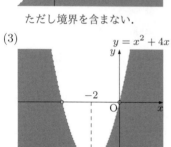

ただし境界を含まない.

(4)
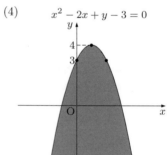

ただし境界を含む.

問 5.2

(1)
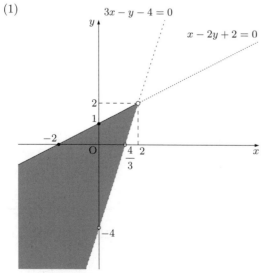

ただし，直線 $x - 2y + 2 = 0$ 上の点を含み，直線 $3x - y - 4 = 0$ 上の点を含まない．

(2)
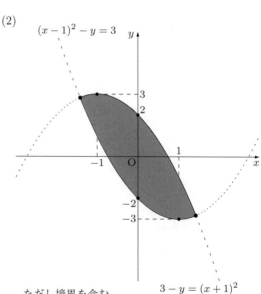

ただし境界を含む.

問 **5.3**

(1) $x \geqq 0$, $y \geqq 0$, $100x + 200y \leqq 4000$, $200x + 100y \leqq 5000$

(2)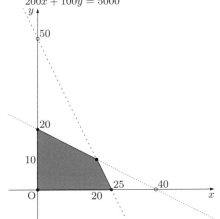
ただし境界を含む.

(3) $1000x + 800y = k$

(4) ① 点 (x, y) の範囲が左図の陰影部のとき, k の最大値を求めればよい.
(3) の方程式を変形して
$$y = -\frac{5}{4}x + \frac{k}{800} \quad \cdots\cdots (\dagger)$$

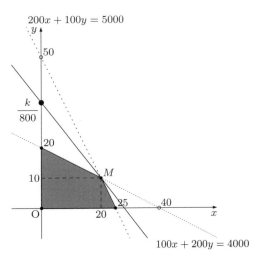

② これより, 傾き $-\dfrac{5}{4}$ の直線のうち, 左図の陰影部と交わり, かつ, y 切片が最大となるものを求めれば, k の最大値およびそのときの (x, y) の値がわかる.

③ 直線 $200x + 100y = 5000$, $100x + 200y = 4000$ の傾きはそれぞれ -2, $-\dfrac{1}{2}$ であり
$$-2 < -\frac{5}{4} < -\frac{1}{2}$$
が成り立つから, ② の条件を満たす直線は上図の点 $M(20, 10)$ を通る.
$$\therefore y - 10 = -\frac{5}{4}(x - 20)$$
$$y = -\frac{5}{4}x + 35 \quad \cdots\cdots (\dagger\dagger)$$

④ 方程式 $(\dagger)$ が $(\dagger\dagger)$ になるとき k が最大となるから, $\dfrac{k}{800} = 35$. $\therefore k = 28000$.

以上より, A パック 20 袋, B パック 10 袋を作れば, 総売り上げは最大（28000 円）となる.

♯6 pp.50–53

問 **6.1**

(1) $y = x + 3$　　(2) $y = 3x - 2$　　(3) $y = \dfrac{1}{a}x - \dfrac{b}{a}$　　(4) $y = \sqrt[5]{x}$

問 6.2

(1) $y = -x^2 \, (x \geqq 0)$ の値域は $y \leqq 0$.
x, y をそれぞれ y, x に置き換えると
$$x = -y^2, \quad y \geqq 0, \quad x \leqq 0$$
$y \geqq 0$ より, $y = \sqrt{-x}$. よって, 求める逆関数は
$$y = \sqrt{-x} \quad (x \leqq 0)$$
で, この値域は $y \geqq 0$.
※ グラフは右図のようになる.
($y = \sqrt{-x}$ にいろいろな x の値を代入してグラフが通る点を計算してみよ.)

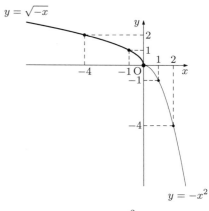

(2) $y = x^2 - 1 \, (x \geqq 0)$ の値域は $y \geqq -1$.
x, y をそれぞれ y, x に置き換えると
$$x = y^2 - 1, \quad y \geqq 0, \quad x \geqq -1$$
$y \geqq 0$ より, $y = \sqrt{x+1}$. よって, 求める逆関数は
$$y = \sqrt{x+1} \quad (x \geqq -1)$$
で, この値域は $y \geqq 0$.
※ グラフは右図のようになる.
($y = \sqrt{x+1}$ にいろいろな x の値を代入してグラフが通る点を計算してみよ.)

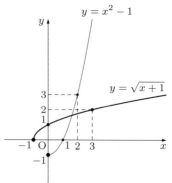

(3) $y = -2(x+1)^2 + 3 \, (x \leqq -1)$ の値域は $y \leqq 3$.
x, y をそれぞれ y, x に置き換えると
$$x = -2(y+1)^2 + 3, \quad y \leqq -1, \quad x \leqq 3$$
$y \leqq -1$ より, $y + 1 = -\sqrt{-\dfrac{x-3}{2}}$. よって, 求める逆関数は
$$y = -\sqrt{-\dfrac{x-3}{2}} - 1 \quad (x \leqq 3)$$
で, この値域は $y \leqq -1$.
※ グラフは右図のようになる.
$\left(y = -\sqrt{-\dfrac{x-3}{2}} - 1 \text{ にいろいろな } x \text{ の値を代入してグラフが通る点を計算してみよ.} \right)$

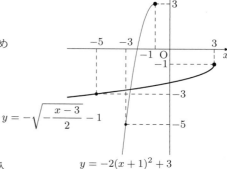

問 6.3

(1) $y = -\dfrac{1}{2}x + \dfrac{3}{2} \, (-1 < x \leqq 3)$ の値域は $0 \leqq y < 2$.
x, y をそれぞれ y, x に置き換えると
$$y + 2x - 3 = 0, \quad -1 < y \leqq 3, \quad 0 \leqq x < 2$$
よって, 求める逆関数は
$$y = -2x + 3 \quad (0 \leqq x < 2)$$
であり, 値域は $-1 < y \leqq 3$. グラフは右図のようになる.

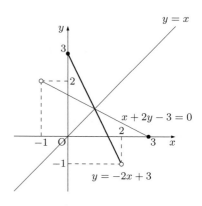

(2) $y = 2x^2 - 2\,(x \leqq 0)$ の値域は $y \geqq -2$.
x, y をそれぞれ y, x に置き換えると
$$x = 2y^2 - 2, \quad y \leqq 0, \quad x \geqq -2$$
$y \leqq 0$ より，$y = -\sqrt{\dfrac{x+2}{2}}$. よって，求める逆関数は
$$y = -\sqrt{\dfrac{x+2}{2}} \quad (x \geqq -2)$$
であり，値域は $y \leqq 0$. グラフは右図のようになる．

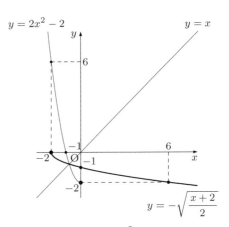

(3) $y = x^2 - 4x + 3 = (x-2)^2 - 1\,(x \geqq 2)$ の値域は $y \geqq -1$. x, y をそれぞれ y, x に置き換えると
$$x = (y-2)^2 - 1, \quad y \geqq 2, \quad x \geqq -1$$
$y \geqq 2$ より，$y - 2 = \sqrt{x+1}$. よって，求める逆関数は
$$y = \sqrt{x+1} + 2 \quad (x \geqq -1)$$
であり，値域は $y \geqq 2$. グラフは右図のようになる．

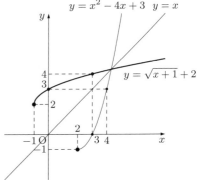

問 6.4　$a = 0$ とすると，条件を満たさないので，$a \neq 0$ としてよい．
$y = \sqrt{ax+b} + c$ の x, y をそれぞれ y, x に置き換えると，$x = \sqrt{ay+b} + c$. これより，逆関数は
$$y = \frac{1}{a}(x-c)^2 - \frac{b}{a}.$$
この逆関数が，2次関数
$$y = \frac{1}{2}x^2 - 5x + 11 = \frac{1}{2}(x-5)^2 - \frac{3}{2}$$
と一致するから，頂点の座標や x^2 の係数も一致しなければならない．よって，$a = 2, b = 3, c = 5$ となる．

問 6.5　$y = \sqrt{ax+b}$ の逆関数のグラフが点 $(5, 11)$ と点 $(1, -1)$ を通るということは，曲線 $y = \sqrt{ax+b}$ は点 $(11, 5)$ と点 $(-1, 1)$ を通る．よって
$$\begin{cases} 5 = \sqrt{11a+b} \\ 1 = \sqrt{-a+b} \end{cases}$$
これを解いて，$a = 2, b = 3$.

問 6.6*
(1) $y = f(x)$ とすると，$y = x - 1$ (x は正の偶数) である．この関数の値域は正の奇数全体となる．x, y をそれぞれ y, x に置き換えると $x = y - 1$ (y は正の偶数, x は正の奇数)．これより，$y = x + 1$. よって，求める逆関数は $y = x + 1$ (x は正の奇数) であり，値域は正の偶数全体.

(2) $g(x) = f^{-1}(f(x)) = f^{-1}(x-1) = (x-1) + 1 = x$ (x は正の偶数) で，g の値域は正の偶数全体. また，$h(x) = f(f^{-1}(x)) = f(x+1) = (x+1) - 1 = x$ (x は正の奇数) で，h の値域は正の奇数全体.

問 6.7*　$f(f(f(x))) = x - 1$ より，$f(f(x)) = f^{-1}(x-1), f(x) = f^{-1}(f^{-1}(x-1))$. ここで，$f^{-1}(x) = ax + b$ より，$f(x) = f^{-1}(f^{-1}(x-1)) = f^{-1}(a(x-1)+b) = a\{a(x-1)+b\} + b = a^2 x - a^2 + ab + b \cdots$ (†). $a = 0$ のとき，$f(x) = b$ であり，$f(f(f(x))) = b \neq x - 1$ となるので，不適．よって $a \neq 0$ としてよい．$f^{-1}(x) = ax + b$ より，$f(x) = \dfrac{1}{a}x - \dfrac{b}{a}$. この関係式と (†) の係数を比較して，$a^2 = \dfrac{1}{a}, -a^2 + ab + b = -\dfrac{b}{a}$. これを解くと，$a = 1, b = \dfrac{1}{3}$ (a は実数であることに注意).

著者紹介

高妻　倫太郎（こうづま　りんたろう）

2001年 九州大学理学部数学科卒業．
九州大学大学院数理学府博士課程（数理学専攻）修了，
大分工業高等専門学校一般科理系（数学）講師を経て，
現在，立命館アジア太平洋大学国際経営学部准教授．数理学博士．

装丁デザイン：著者

基礎数学（きそすうがく）　Fundamental Mathematics

2019年3月30日	第1版　第1刷	発行
2024年3月30日	第1版　第3刷	発行

著　者　　高妻　倫太郎
発行者　　発田和子
発行所　　株式会社　学術図書出版社

〒113-0033　東京都文京区本郷5丁目4の6
TEL 03-3811-0889　　振替 00110-4-28454
印刷　三美印刷（株）

定価は表紙に表示してあります．

本書の一部または全部を無断で複写（コピー）・複製・転載することは，著作権法でみとめられた場合を除き，著作者および出版社の権利の侵害となります．あらかじめ，小社に許諾を求めて下さい．

© 2019　R. KOZUMA
Printed in Japan
ISBN978-4-7806-0695-9　C3041